EISEN
Januar 2014

Bildband

City-Tunnel Leipzig

Blick hinter die Kulissen

2010 bis 2013

von Frank Eritt

SAX-VERLAG
Leipzig 2014

Bildband von Frank Eritt

City-Tunnel Leipzig

Blick hinter die Kulissen – 2010 bis 2013

Inhaltsverzeichnis

Editorial

Nun ist geschafft, was über viele Generationen hinweg nicht vollendet werden konnte. Die unterirdische Verkehrsverbindung in Leipzig galt erst nur als Traum und wurde schlussendlich erfolgreich in die Realität umgesetzt.

Ein unvergleichbares und einzigartiges Projekt wird den Nahverkehr in der Leipziger Region grundlegend positiv verändern. Durch den City-Tunnel ist die Möglichkeit gegeben, den Schienenpersonennahverkehr weiter zu erschließen und die Vernetzung des mitteldeutschen Raumes fortzusetzen.

Mit dieser Bilddokumentation soll durch transparente Informationen und Bilder allen Interessierten die Möglichkeit gegeben werden, den Bauablauf von 2010 bis zur Einweihung im Dezember 2013 nachzuvollziehen.

Als die unterirdischen Bauwerke im Rohbauzustand nahezu fertig gestellt waren, startete die Phase der Bahntechnischen Ausrüstung mit dem Einbau der Festen Fahrbahn. Daran schloss sich unmittelbar der Ausbau der Stationen an. Außerhalb des Tunnels folgten umfangreiche Arbeiten, um die neue Verbindung an die vorhandenen Gleisanlagen anzuschließen. Dabei wurde die über 100 Jahre alte Infrastruktur neu errichtet und nach dem aktuellen Stand der Technik ausgerüstet.

Auch hier wurden hunderte Pläne in die Realität umgesetzt. Dabei bestand die Herausforderung darin, die vorgegebenen Regeln der Technik auf ein so individuelles Bauwerk anzuwenden.

Die Dokumentation würdigt die vielen Beteiligten, die durch ihre Arbeit zur Umsetzung dieses ehrgeizigen Projektes wesentlich beigetragen haben.

Die Karte zeigt das Stadtgebiet Leipzig mit den Teilprojekten zur Anbindung des City-Tunnels Leipzig. Dargestellt sind die vorhandenen Haltepunkte mit ihrem entsprechenden Einzugsgebiet in einem Radius von 750 m.

City-Tunnel Leipzig

Einbau der Festen Fahrbahn und der Sicherungstechnik

ab Seite 9

Ausbau der Stationen Leipzig Hauptbahnhof (tief), Markt, Wilhelm-Leuschner-Platz, Bayerischer Bahnhof und MDR

ab Seite 35

Einbindung in die Gleisanlagen am Hauptbahnhof

Umbau der Gleisanlagen und Neubau von einem Kreuzungsbauwerk, zwei Eisenbahnüberführungen und des Bahnsteiges für die Station Leipzig Nord

ab Seite 121

ESTW Leipzig-Leutzsch / Plagwitz

Umbau der Gleisanlagen und Neubau von drei Eisenbahnüberführungen und Bahnsteigen in Leipzig-Leutzsch, Lindenau sowie Plagwitz

ab Seite 155

Netzergänzende Maßnahmen (NEM) Engelsdorf – Gaschwitz

Umbau der Gleisanlagen und Neubau von vier Eisenbahnüberführungen und einer Fußgängerbrücke sowie Bahnsteigen in Leipzig-Anger-Crottendorf, Stötteritz, Völkerschlachtdenkmal, Connewitz, Markkleeberg Nord, Markkleeberg und Markkleeberg-Großstädteln

ab Seite 181

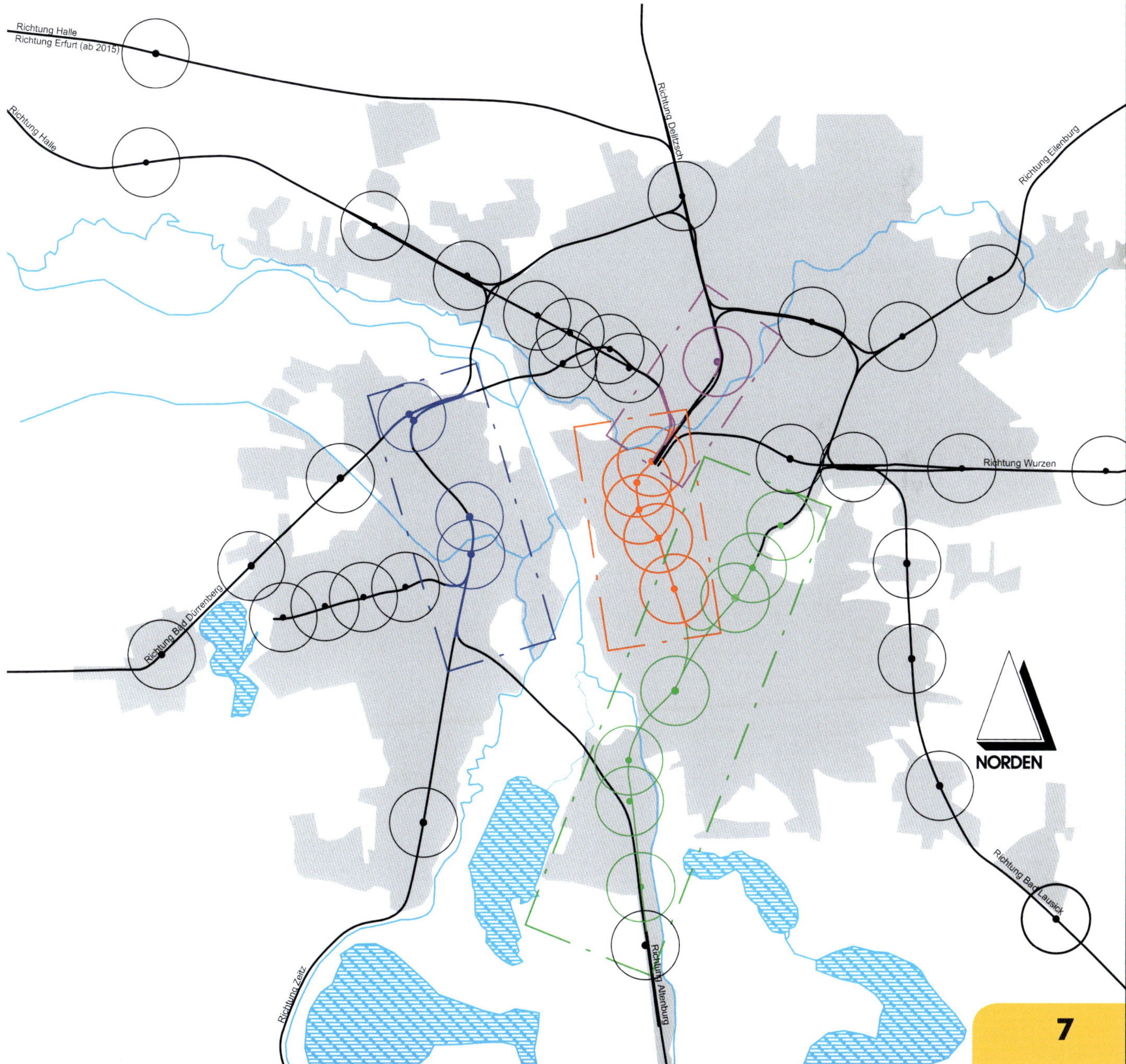

CTL Bahntechnische Ausrüstung City-Tunnel Leipzig

Die Bahntechnische Ausrüstung des City-Tunnels unterteilt sich in die beiden Teilprojekte:

- Einbau der Festen Fahrbahn (Masse-Feder-System)
- technische Ausrüstung

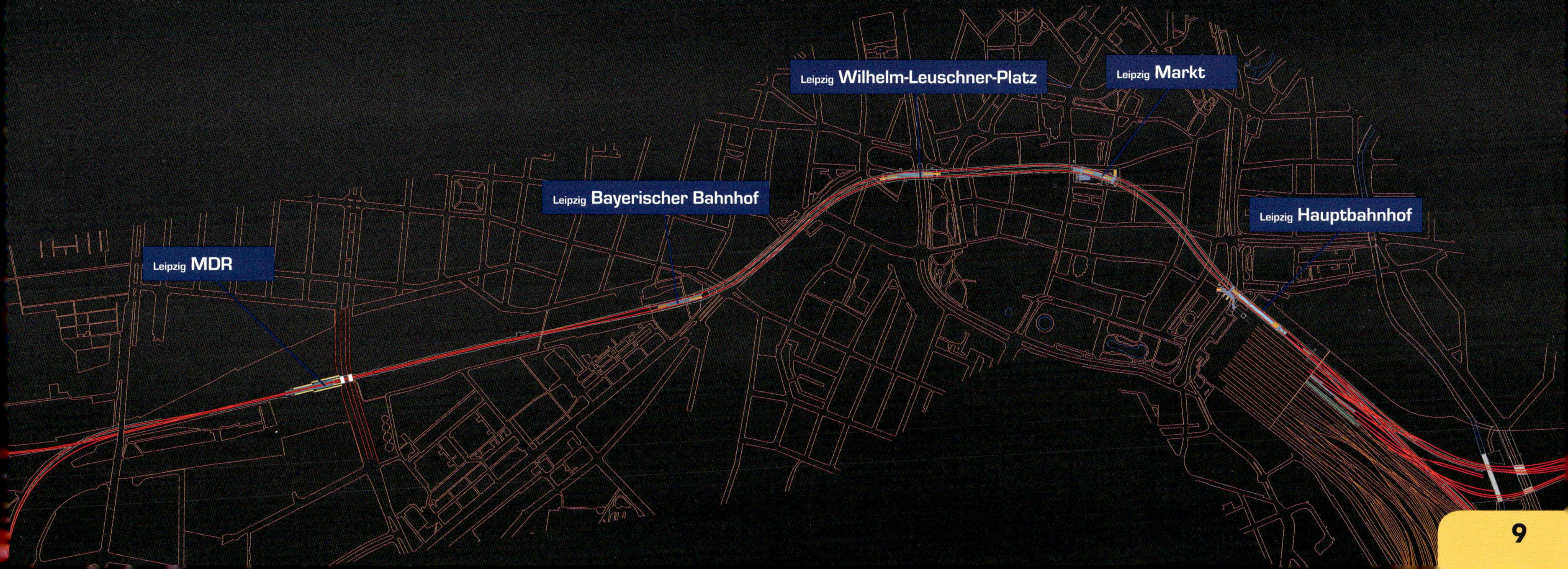

Querschnitte der Festen Fahrbahn

Feste Fahrbahn ohne Masse-Feder-System
- Abstimmfrequenz: keine
- Einbaulänge/-breite/-höhe: 3 390 m / 3,00 m / 0,25 m

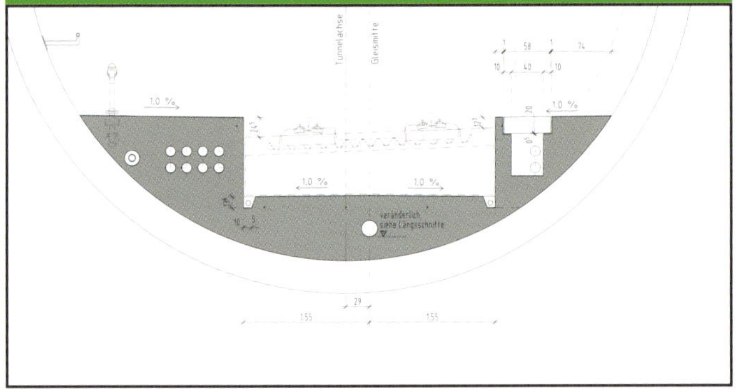

Feste Fahrbahn als leichtes Masse-Feder-System
- Abstimmfrequenz: 15 Hz und 25 Hz
- Einbaulänge/-breite/-höhe: 1 760 m / 3,00 m / 0,70 – 0,83 m

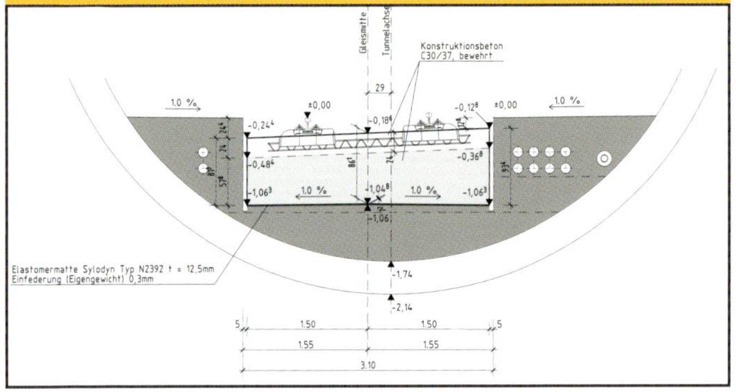

Feste Fahrbahn als schweres Masse-Feder-System
- Abstimmfrequenz: 6 Hz und 8 Hz
- Einbaulänge/-breite/-höhe: 2 310 m / 3,00 m / 0,65 – 0,82 m

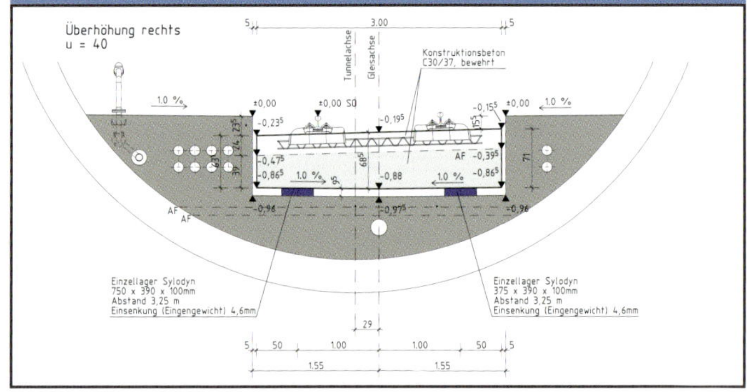

Übersichtsplan Gleise City-Tunnel

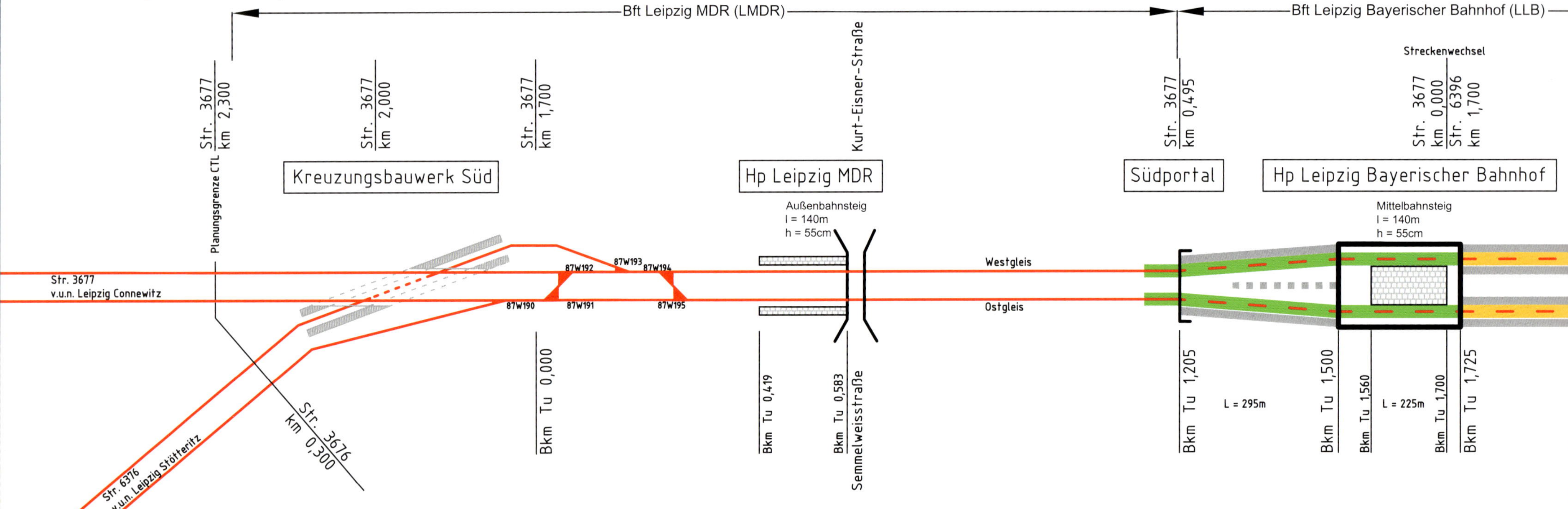

Das Gleis im City-Tunnel ist aufgrund der unterschiedlichen Bereiche in der Umgebung in verschiedene Masse-Feder-Systeme unterteilt. Insgesamt sind drei Abschnitte definiert, welche die durch die Züge eingebrachten Schwingungen dämpfen und in den Untergrund ableiten. So sind die angrenzenden Gebäude über der Tunneltrasse optimal vor Sekundärschall und Erschütterungen geschützt.

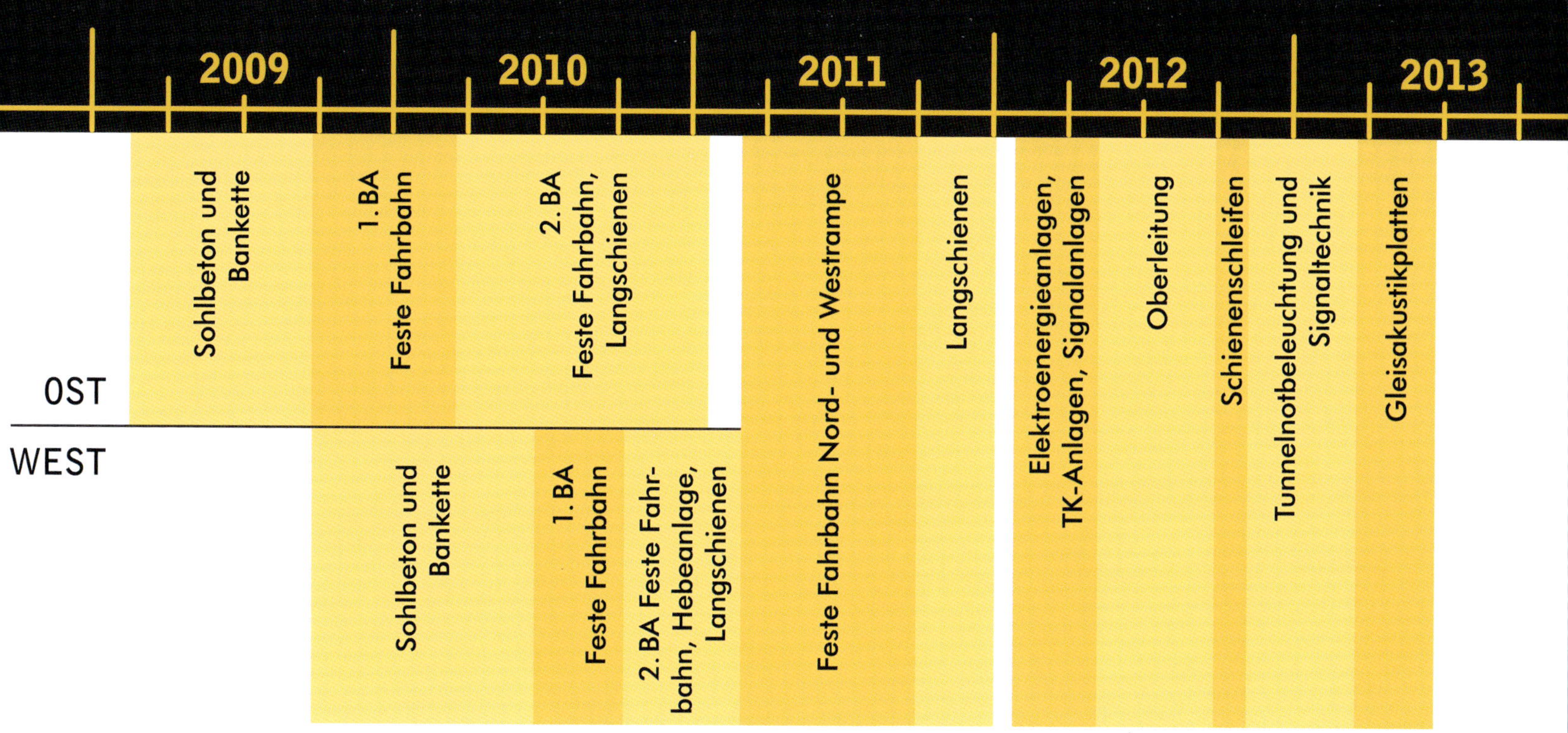

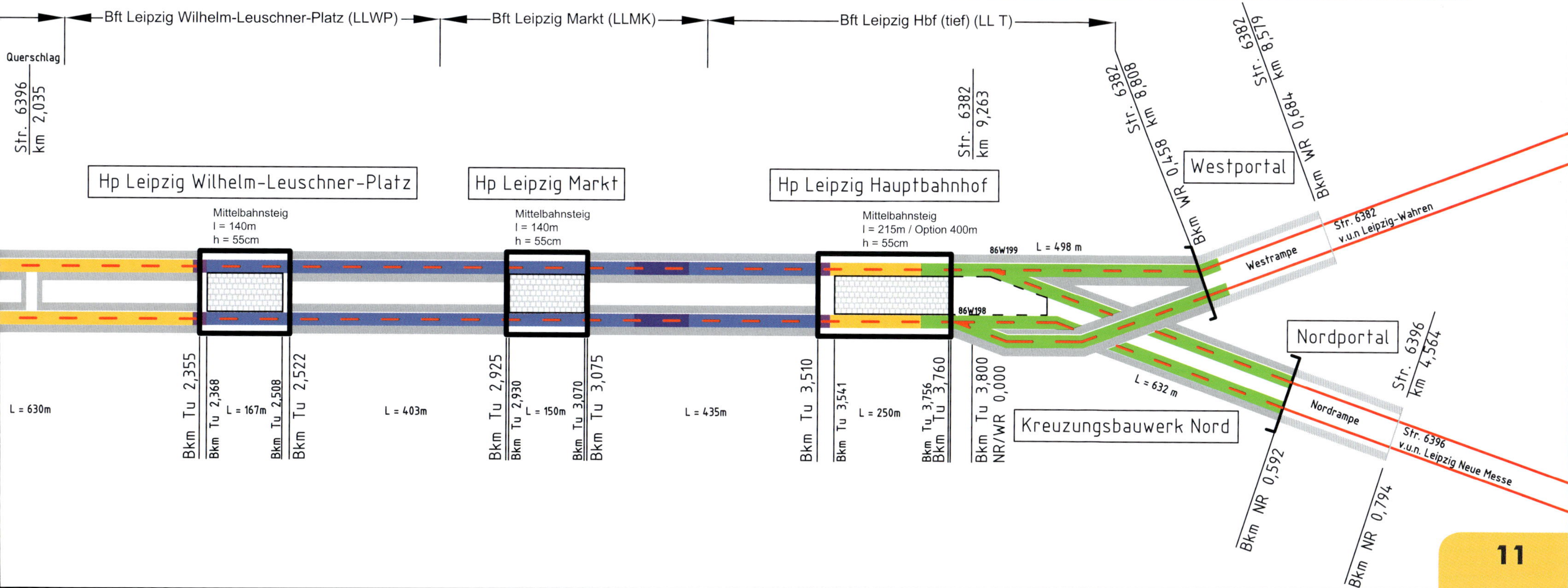

← Mit Muldenkippern begannen im Osttunnel schon im Jahr 2009 die Arbeiten mit dem Einbau der unteren Sohlbetonschicht, um eine ebene Fläche zu erhalten.

↖ Aus Zeitgründen kam im Westtunnel eine andere Technologie zum Einsatz. Hier wurde der Beton gleich vom Betonfahrzeug aus eingebaut.

↓ Die obere Sohlbetonschicht weist ein Quergefälle von 1 % zur Gleisachse hin auf, um eine vollständige Entwässerung gewährleisten zu können. Der Einbau geschah mit einem theodolitgesteuerten Straßenfertiger.

- In die Sohlbetonschicht der Rampenbereiche arbeitete man mit dem Presslufthammer kleine Öffnungen ein, um dort Stahlstifte einzulassen, welche die späteren Längskräfte ableiten können.
- Im Bereich des Tübbingtunnels am Bayerischen Bahnhof wurden während der Betonage über zwei Aussparungen im Sohlbeton Widerlager für die Feste Fahrbahn geschaffen.
- Sechs Eisenflechter waren für die Herstellung der Bankettbewehrung im Einsatz. In dieses Stahlgeflecht sind die Trockenlöschleitung sowie weitere Leerrohre für Strom- und Signalkabel integriert.

Sommer & Dietrich
433
Günter Papenburg
ABI JK 111

- 🡐 Da die Röhren nur vom Bayerischen Bahnhof aus befahren werden konnten, mussten die Betonfahrzeuge bis zu 3 km rückwärts zum Einbauort durch die schmale „Fahrrinne" rangieren.
- 🡐 Um die 3 m breite Fahrbahn herzustellen, wurden die Seitenwände abgeschalt und auf dem Boden Spezialfolien verlegt.
- 🡓 Nach der Positionierung der Revisionsschalungskästen begann die Bewehrung der Festen Fahrbahn mit bis zu 345 kg Stahl pro Kubikmeter Beton.

- Im Bereich des schweren Masse-Feder-Systems fand eine Einteilung in insgesamt 15 Betonierabschnitte von jeweils ca. 115 m Länge statt.
- Nachdem das Schwinden des Betons nach etwa vier Wochen abgeklungen war, erfolgte der Lückenschluss der einzelnen Abschnitte mit Beton.
- Um den Frischbeton zum Einbauort zu bringen, war es teilweise nötig, diesen bis zu 440 m weit zu pumpen.
- Nun wurde das gesamte Betonband mit Hilfe einer Spezialkonstruktion hydraulisch angehoben, um unterhalb die Sylodynlager zu positionieren.

87/3

← Am Südportal wurden die Zweiblockschwellen angeliefert und zwischengelagert. Anschließend montierte man die Schwellen zu 6 m langen Gleisjochen und transportierte diese mit einem Portalkran zum Einbauort.

↓ Die Verlegung des ersten Gleisjoches auf der unteren Betonierlage der Festen Fahrbahn erfolgte im Januar 2010.

→ Um für die obere Betonierlage der Festen Fahrbahn das Gleis in exakter Position zu befestigen, fanden umfangreiche Vermessungs- und Ausrichtungsarbeiten statt. Hierzu wurde das Gleis in knappen Abständen mittels einer speziellen Hebeanlage (siehe Detailbild) horizontal sowie vertikal ausgerichtet.

VERMESSUNG

-0,5
0,1
-1,5

DETAIL

Die Betonage der einzelnen Bauabschnitte verlangte dem 17-köpfigen Team alles ab. Der Beton musste unter den Schwellen ohne Luftblasen verdichtet werden. Nach der Betonage wurde jede Schwelle von Hand mit dem Pinsel gereinigt und die Betonoberfläche im Ganzen mit einem Besenstrich versehen.

Zeitlich abgestimmt setzte man die Schwellenschutzkästen fortlaufend von hinten nach vorn um, damit die Schwellenschrauben während der Betonage nicht dem Baustoff ausgesetzt sind.

DGT

An der Nord- und Westrampe wurde jeweils eine Weiche eingebaut. Vor der Betonage umwickelte man alle Stahlteile an der Weiche mit Stretchfolie, um diese beim Betonieren bestmöglich zu schützen.

- ← Am Übergang von Fester Fahrbahn zum Schotteroberbau wurde das Gleisbett mit Spezialmatten ausgelegt.
- ↙ Im Übergangsbereich wird der Schotter lageweise mit Epoxidharz verklebt.
- ↓ Zuvor konnte der mit Muldenkippern durch den Tunnel antransportierte Schotter in das Gleisbett eingefüllt werden.

LICHT&KRAFT

Am 28. Juli 2010 fuhr der erste Bauzug in den City-Tunnel ein und lieferte bis zu 120 m lange Schienen an. Diese konnten dann direkt am Einbauort vom Zug abgezogen werden.

Nr. 1

Nr. 2

Nr. 3

Nr. 4

Nr. 5

- Um einen nahtlosen Gleiskörper zu schaffen, wurden zur Jahresmitte 2011 alle Schienen kraftschlüssig durch das Verfahren des Thermitschweißens verbunden. Hierbei wird ein Gemisch aus Eisenoxid- und Aluminiumpulver in einem Tiegel zur Entzündung gebracht. Die daraus folgende Reaktion bei Temperaturen von etwa 2 400 °C lässt flüssiges Eisen entstehen, welches dann zwischen die beiden Schienenenden fließt. Nachdem die geschlossenen Schienenstöße leicht abgekühlt waren, wurden diese grob geschliffen.
- Der Betonagevorgang des letzten Bauabschnitts erfolgte am 29. September 2011. Insgesamt sind 20 120 m^3 Beton und 2 330 t Stahl in der Festen Fahrbahn verbaut worden.

- ⬆ Mit Hilfe einer schweren Diesellok und einer Messeinrichtung wurde die Durchbiegung des Masse-Feder-Systems ermittelt.
- ⬇ Am Laptop konnte man die Durchbiegungskurve in Echtzeit mitverfolgen und diese mit der vorher berechneten vergleichen.
- ⬈ Im November 2011 wurde eine Kehrmaschine „Huckepack“ eingesetzt, um alle Verschmutzungen im Gleisbett abzusaugen.
- ➡ Fangschienen dienen in den Tunnelübergangsbereichen als Entgleisungsschutz.

- ⬆ Eine Schienenschleifmaschine beseitigte im Oktober 2012 letzte Unebenheiten. Dieser Feinschliff erfolgte in mehreren Arbeitsgängen.
- ⬅ Die frisch geschliffene Schiene ermöglicht den Zügen nun optimale Fahrbedingungen.
- ➡ An allen Stationen des Tunnels wurden Akustikplatten auf der Festen Fahrbahn verlegt. Diese Leichtbetonplatten dämmen die Brems- und Anfahrgeräusche der Züge und ermöglichen so eine Verbesserung der Akustik in den Stationen.

← Die ca. 12 m langen Alu-Profile der Stromschiene wurden mittels einer Hubeinrichtung auf den Turmwagen gehoben und dort an den Oberleitungsabhängern befestigt und schrittweise verlängert.

↑ Die wellenförmig über der Gleisachse verlaufende Stromschiene verhindert ein Einbrennen des Stromabnehmers in die Oberleitung und erhöht dessen Lebensdauer.

Die technische Ausstattung der neuen Eisenbahntrasse umfasst die Oberleitungs-, die Kommunikations- und die Sicherungsanlagen.

Die Oberleitungsanlagen werden im Regelfall in Form einer Kettenfahrleitung realisiert. Aus Platzgründen im Tunnelquerschnitt kam im City-Tunnel eine Stromschiene zum Einsatz.

Die Kommunikationsanlagen umfassen den Mobil- und Bahnfunk sowie den BOS-Funk. Im gesamten City-Tunnel wurden umfangreiche technische Anlagen installiert, welche einen reibungslosen Betrieb aller drei Netze ermöglichen.

Die Sicherungsanlagen regeln den Verkehr im Bahnbetrieb über ein elektronisches Stellwerk (ESTW). Von dort aus werden die Weichen und Signale sowie sonstige sicherungstechnische Einrichtungen durch die zuständigen Fahrdienstleiter überwacht und gesteuert. Die Strecken werden durch Signale, Gleismagnete und Achszähler abgesichert. Diese drei Komponenten stehen im engen Zusammenhang (siehe Skizze und Texterläuterung unten).

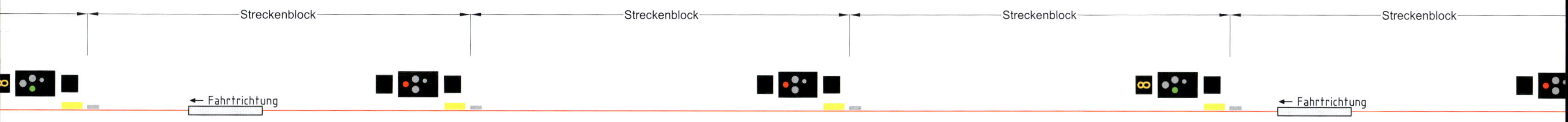

Eine Eisenbahnstrecke wird prinzipiell in Streckenblöcke eingeteilt. In einen Streckenblock kann nur eingefahren werden, wenn der darauffolgende frei von Zügen ist. Die Sicherung erfolgt durch die optische Anzeige mit Signalen und durch Gleismagnete (in Grafik gelb) sowie Achszähler (in Grafik grau). Sollte das optische Signal – z. B. „Halt" – überfahren werden, wird der Zug durch den aktiven Gleismagneten automatisch zum Halten gebracht, bevor dieser in den Gefahrenbereich gelangt. Der Achszähler vergleicht die Anzahl der Achsen bei Ein- und Ausfahrt in einen Streckenblock und gibt den Bereich erst wieder frei, wenn sich der zuerst ermittelte Wert wieder aufgehoben hat.

DETAIL

- Um die Oberleitungsabhänger zu montieren, musste vorher die Lage der Bewehrung durch Schablonen (siehe Detailbild) auf den Tübbings gekennzeichnet werden. Durch Unterdruck befestigte man dann eine Bohrschablone am Tübbing. Anschließend konnten die Bohrungen punktgenau ausgeführt werden, ohne die darunter befindliche Bewehrung zu beschädigen.
- Der am Gleis befestigte Achszähler ermittelt die Anzahl der Achsen des vorbeifahrenden Zuges.
- Das Hauptsignal leuchtet „grün", dies bedeutet „Weiterfahrt" auf der Strecke 6396, welche in diesem Fall mit dem internen Kennbuchstaben „C" bezeichnet wird. Die Ziffer „8" steht dabei für die Geschwindigkeitsvoranzeige von 80 km/h.
- Im 180-Grad-Panoramabild, welches im Bereich des Querschlages entstand, kann man alle Sicherheitseinrichtungen gut erkennen. Neben dem Feuerwehranschluss für die Löschleitung (rot) befinden sich die Notrufsäule (gelb) sowie der Rettungsgang in den Nachbartunnel (blaue Fluchttür). Die Tunnelsicherheitsbeleuchtung und der Handlauf ermöglichen im Notfall eine Orientierung. Weiterhin sind im oberen Bereich drei Kabel für den Mobilfunk zu sehen.
- An solch einem Arbeitsplatz in der 3-S-Zentrale werden rund um die Uhr alle Stationen optisch und technisch überwacht.

Leipzig Markt
3000

6

15
26
15
2.71
15
2.71

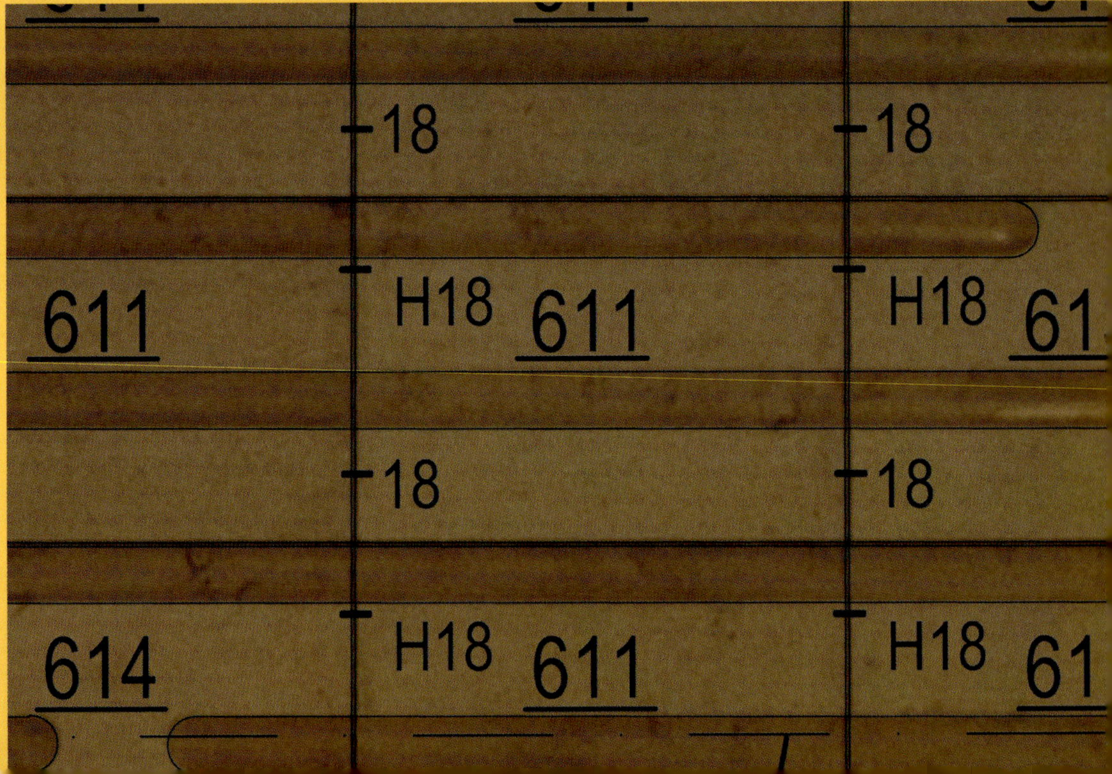
18
18
611
H18
611
H18
61
18
18
614
H18
611
H18
61

CTL Ausbau der Stationen

Die besondere und grundverschiedene Gestaltung der vier unterirdischen Stationen ist aus einem Architektenwettbewerb hervorgegangen. So erhielt jeder Haltepunkt sein individuelles Gesicht. Nachdem bis zum Jahr 2010 der Rohbau aller Stationen abgeschlossen wurde, erfolgte in den Jahren 2011 bis 2013 der Ausbau der Stationen.
Dieser teilt sich in die Themengebiete Raumbildender Ausbau (RBA) und Technische Gebäudeausrüstung (TGA) auf. Beide Bereiche sind eng miteinander verzahnt.
Der Raumbildende Ausbau beinhaltet unter anderem die Fassaden- und Deckengestaltung, Bahnsteigoberflächenherstellung sowie Beton- und Stahlbauarbeiten. In der Technischen Gebäudeausrüstung wurden alle für die Versorgung und Sicherheit der Tunnelstationen notwendigen Anlagen installiert. Diese bestehen aus umfangreichen Elektro- (50 Hz), Telekommunikations- und Gebäudeautomationsanlagen. Weiterhin sind Wasser-, Abwasser- und Feuerlösch- sowie Lüftungs- und Entrauchungsanlagen errichtet worden.

Kurzvorstellung
Station Leipzig Bayerischer Bahnhof

Umgebung: Universitätsklinikum, Bayrischer Platz, Zentrum Süd

Architekt: Peter Kulka Architektur

Die Station befindet sich im südlichen Stadtzentrum in der Nähe der Unikliniken am Bayrischen Platz auf dem Gelände des ehemaligen Kopfbahnhofes. Die neue Station wurde zwischen den historischen Bahnhofsgebäuden errichtet. Der Bahnsteig ist 140 m lang und erhielt jeweils im Norden (Aus-/Eingang Bayrischer Platz) und Süden (Aus-/Eingang Straße des 18. Oktober) einen Zugang. Neben den Treppen ist auch je ein Aufzug vorhanden. Im Norden sind zusätzlich Fahrtreppen angeordnet. Der ebenerdig in Stationsmitte befindliche Portikus des Bayerischen Bahnhofs blieb erhalten und ist weiterhin der markante Punkt des Platzes, der auch vom Nordzugang nicht verdeckt wird.

ab Seite 45

Kurzvorstellung
Station Leipzig Wilhelm-Leuschner-Platz

Umgebung: Neues Rathaus, Stadtbibliothek, Gewandhaus, Moritzbastei

Architekt: Max Dudler

Die Station befindet sich am südlichen Innenstadtring in unmittelbarer Nähe des Neuen Rathauses. Sie unterquert von der Windmühlenstraße kommend den Wilhelm-Leuschner-Platz in Richtung Schillerstraße.
Der Inselbahnsteig ist 140 m lang. Die Station ist von Norden über den Aus-/Eingang City Petersstraße und vom Süden über den Aus-/Eingang Windmühlenstraße erreichbar. Beide Zugänge sind mit Fahrtreppen, Treppen und jeweils einem Aufzug ausgestattet.

ab Seite 63

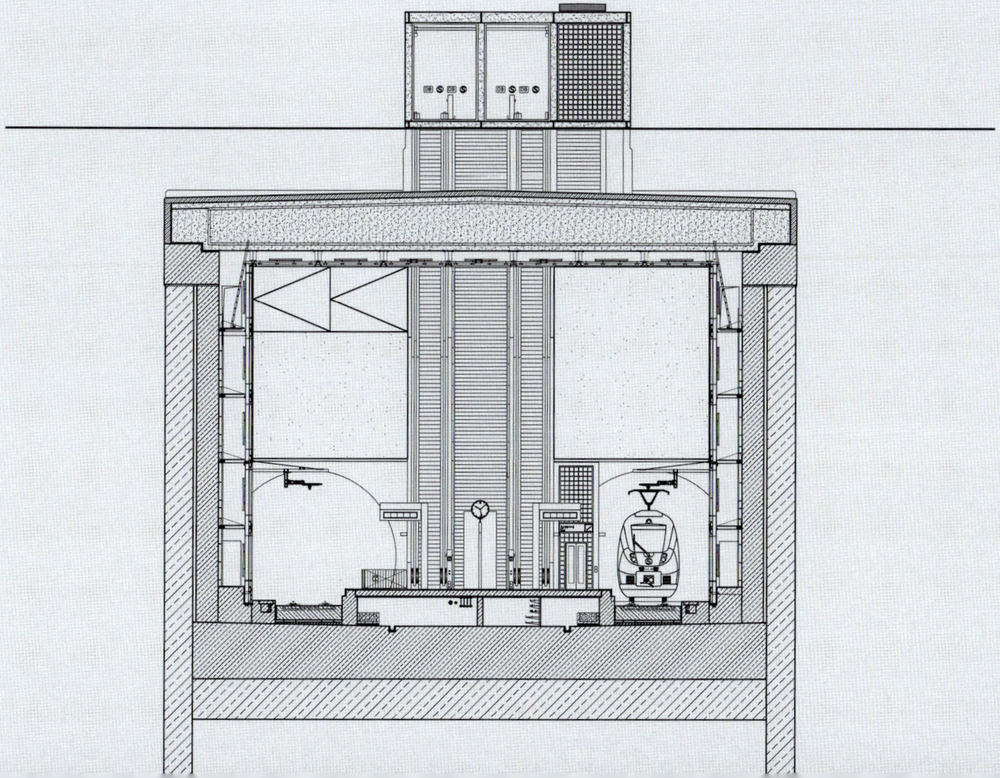

Kurzvorstellung
Station Leipzig Markt

Umgebung: Altes Rathaus, Bildermuseum, Oper, Universität, Innenstadt

Architekt: Kellner Schleich Wunderling Architekten und Stadtplaner GmbH

Die Station Leipzig Markt befindet sich im Stadtzentrum direkt unter dem Marktplatz an der Stelle der ehemaligen Untergrundmesshalle. Auch hier hat der Bahnsteig eine Länge von 140 m. Der Zugang zu diesem Haltepunkt ist von zwei Orten aus möglich. Der Zugang Nord (Aus-/Eingang Hainstraße) ist mit Fahrtreppen und einem Aufzug ausgestattet. Südlich ist die Station über den nach historischem Vorbild wiederhergestellten Zugang zur alten Untergrundmesshalle (Aus-/Eingang Grimmaische Straße/Petersstraße) erreichbar.

ab Seite 83

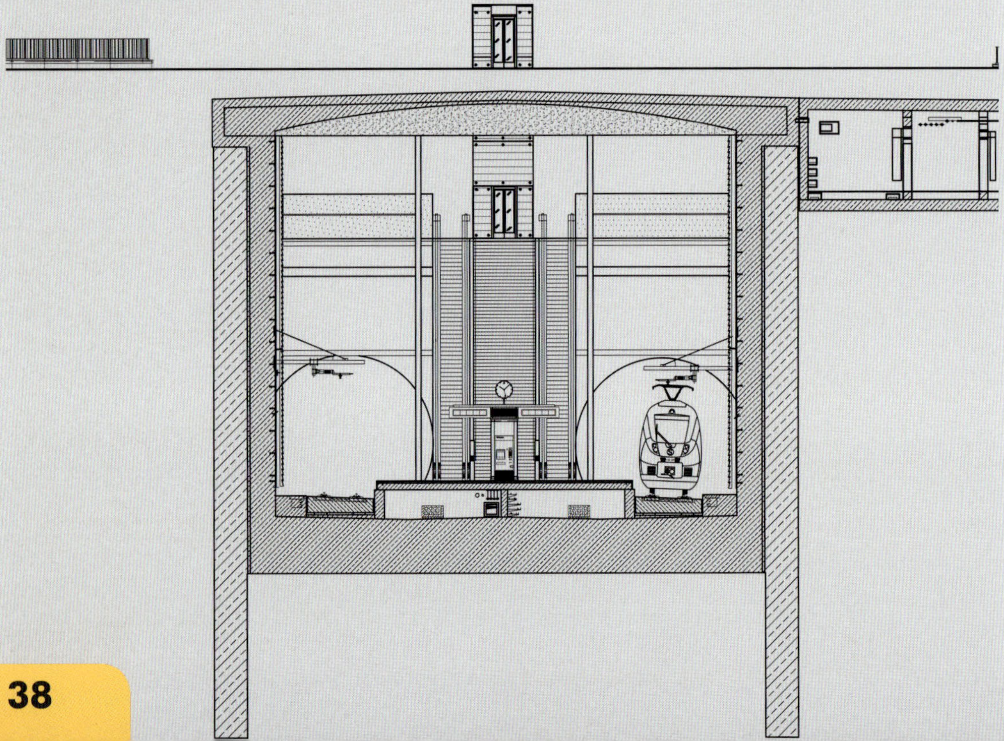

Kurzvorstellung
Station Leipzig Hauptbahnhof (tief)

Umgebung: zentraler Umsteigepunkt, Einkaufs-Promenaden, Hotels

Architekt: HPP Hentrich-Petschnigg & Partner GmbH & Co. KG, Düsseldorf

Der neue Bahnhof beabsichtigt eine optimale Verknüpfung von Verkehrsmitteln und deren Infrastruktur. Der Ausbau der Station ist an die Gestaltung des Hauptbahnhofes und der Bahnhofspromenaden angelehnt. Im Gegensatz zu den anderen Stationen beträgt die Bahnsteiglänge 215 m, um Fernverkehrszügen den Halt zu ermöglichen. Der Zugang erfolgt im Süden über eine Verteilerebene (Aus- / Eingang City), welche vier Ein- und Ausgänge mit Fahrtreppen, Treppen und Aufzügen besitzt. Im Norden ist der Zugang (Aus- / Eingang Bahnhof und Reisezentrum) über ein großes Atrium in der Bahnhofshalle möglich. Auch hier stehen dem Reisenden ein Aufzug, Treppen und Fahrtreppen als Zugangsmöglichkeit zur Verfügung.

ab Seite 103

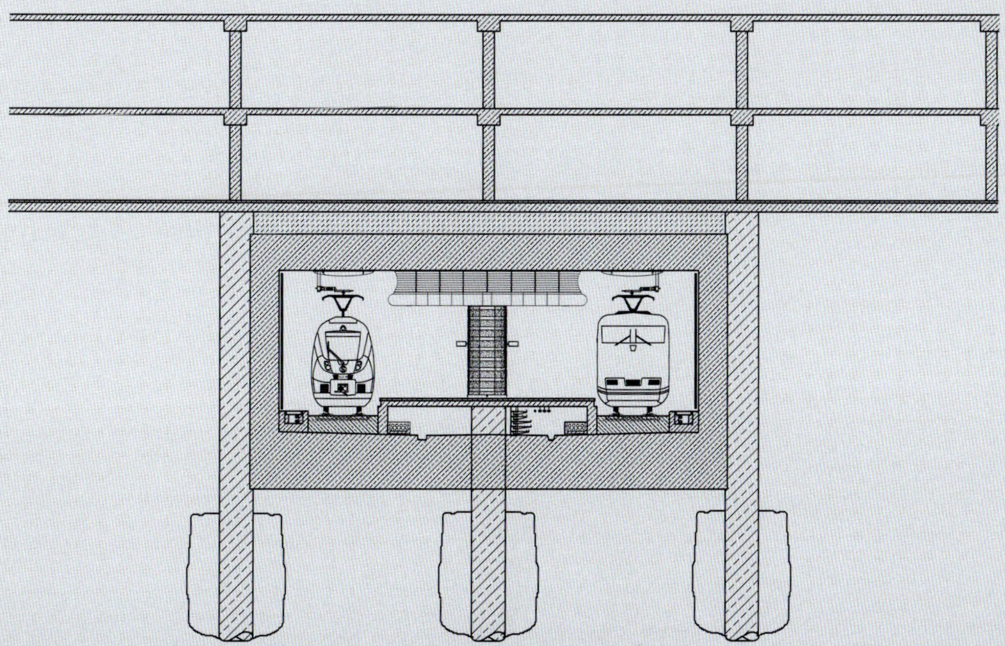

Kurzvorstellung
Station Leipzig MDR

Umgebung: Tierkliniken, Media-City, Stadtraum Bayerischer Bahnhof

konstruktive Entwurfsplanung: BÖGER + JÄCKLE & PARTNER
gestalterische Entwurfsplanung: DNR Daab Nordheim Reutler Partnerschaft

Die Station Leipzig MDR befindet sich im südlichen Stadtzentrum in der Nähe der Tierkliniken an der neuen Stadtteilverbindung Semmelweisstraße / Kurt-Eisner-Straße. Im Zuge des Neubaus wurde auch die Semmelweisbrücke neu errichtet und mit einer Radwegunterführung versehen, die auf Geländeniveau zwischen den Stützwänden der Station hindurchführt.

Die Außenbahnsteige erhielten Treppenzugänge und jeweils eine Rampe, die über eine Zwischenebene zum Bahnsteig führen. In der Stützwand, die mit 5 cm tiefen Texturen und Matrizenschalungen horizontal profiliert ist, sind die Fahrgastunterstände integriert.

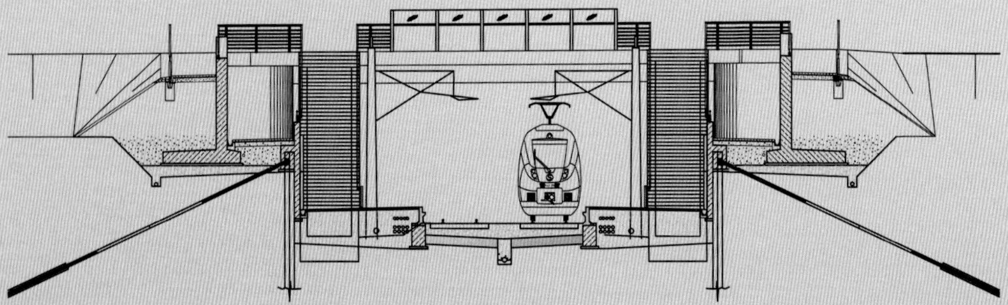

Station Leipzig MDR

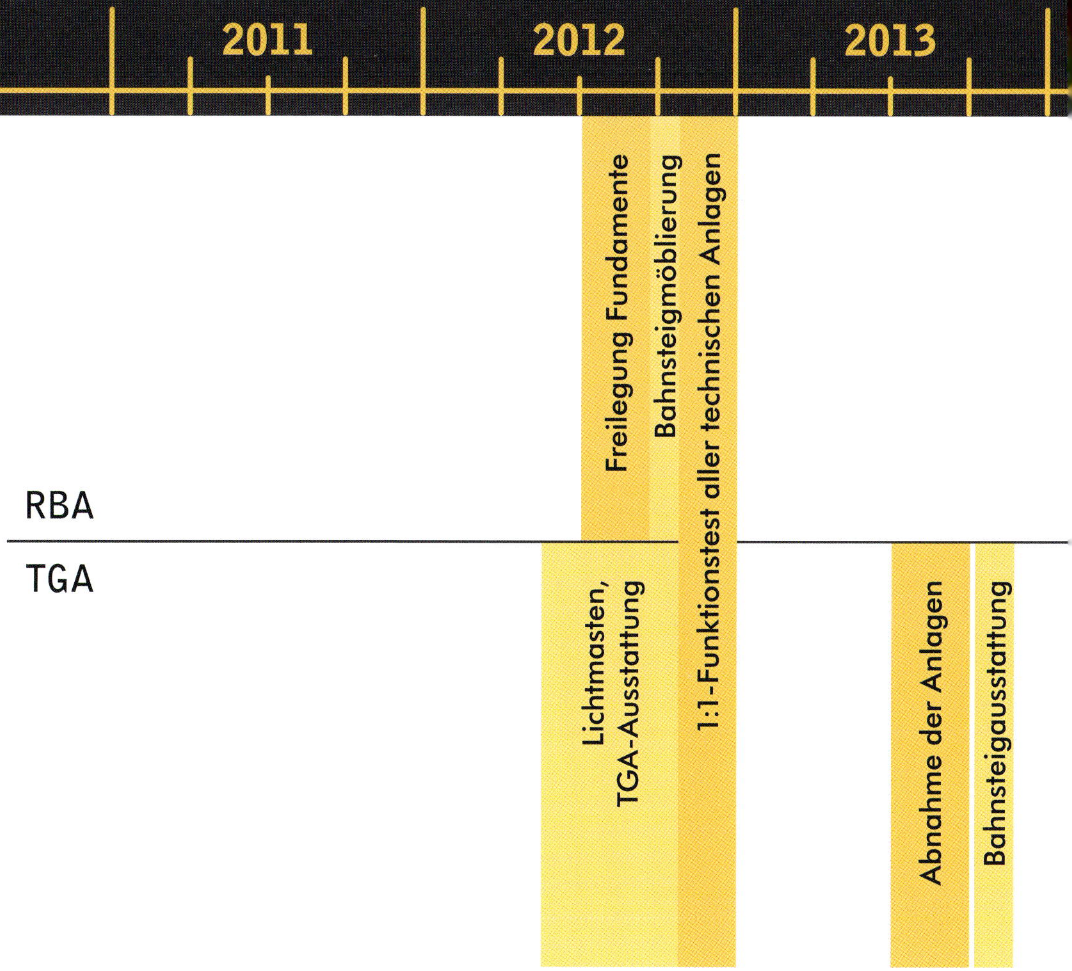

Eckdaten des Ausbaus der Station:

- 5 Türen
- 4 050 m Stark- / 233 m Schwachstromkabel
- 62 Leuchten
- 26 Lautsprecher
- 13 Rauchmelder
- 10 Jalousieklappen
- 1 650 m² Graffitischutz
- 6 Videoüberwachungskameras
- 2 Uhren / 2 Fahrgastinformationsanlagen / 2 Notrufanlagen

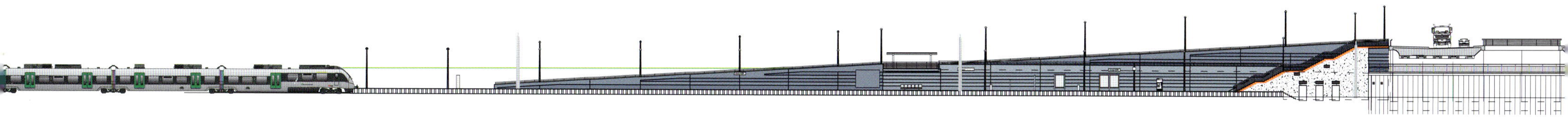

Im August 2012 konnten die Masten der Bahnsteigbeleuchtung auf die in der Rohbauphase hergestellten Fundamente montiert werden.

1
2
1
2

Station Leipzig Bayerischer Bahnhof

Eckdaten des Ausbaus der Station:

- 1 750 m² Bahnsteigbelag (Naturstein und Leitstreifen)
- 40 t Stahlkonstruktion Glasdach / 811 m² Glasfläche
- 1 600 m² Fassadenfläche aus Aluminiumtafeln
- 2 205 m² Deckenfläche aus Metallkassetten
- 2 700 m² Flächenanstrich
- 39 Türen / 2 Hubtore / 1 Bodentor
- 2 Befahranlagen / 2 Aufzüge / 2 Fahrtreppen
- 460 m Feuerlöschleitung
- 1 733 m Kabeltrassen / 26 950 m Stark- / 37 630 m Schwachstromkabel
- 389 Leuchten
- 45 Lautsprecher
- 187 Rauchmelder / 1 Entrauchungsanlage
- 399 m² Ent- und 1 090 m² Zuluftkanalleitung / 62 Brandschutzklappen
- 3 200 m² Graffitischutz
- 6 Videoüberwachungskameras
- 2 Uhren / 4 Fahrgastinformationsanlagen / 3 Notruf- und Informationssäulen

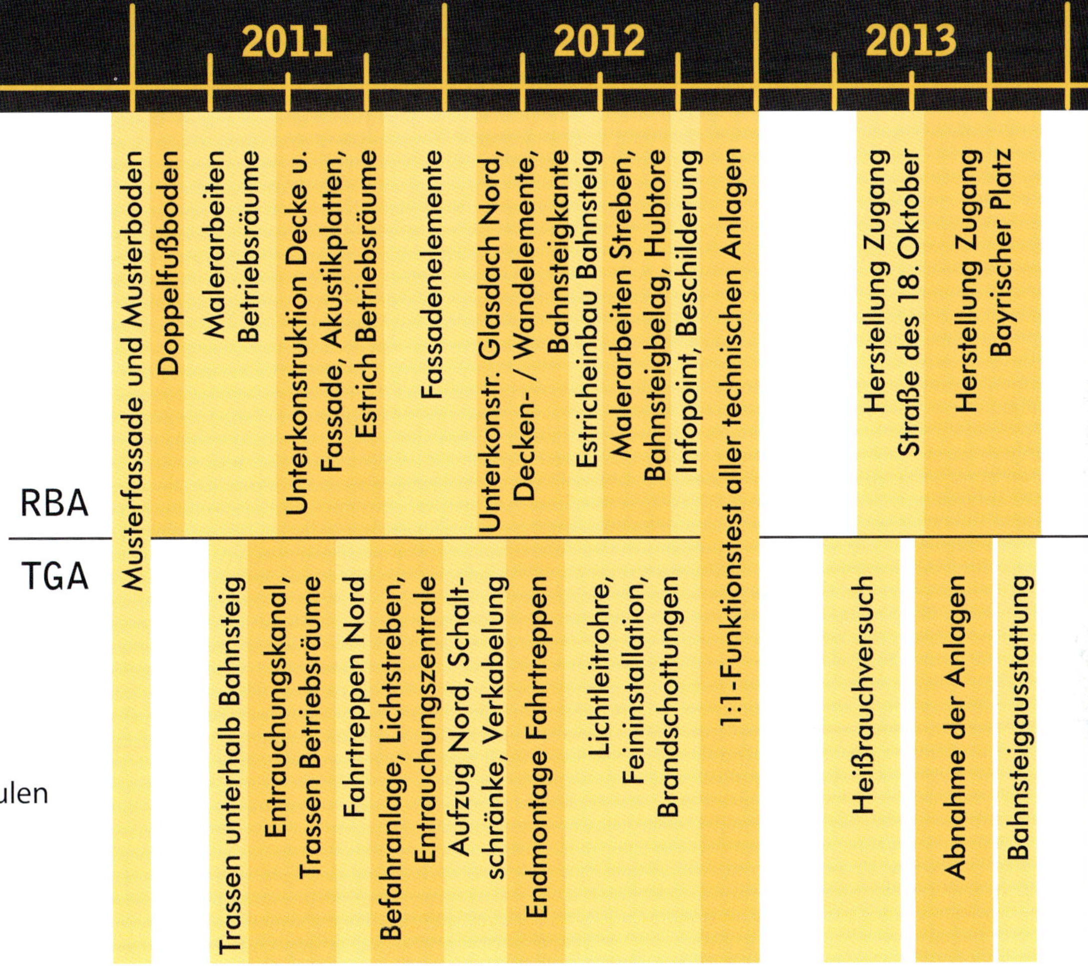

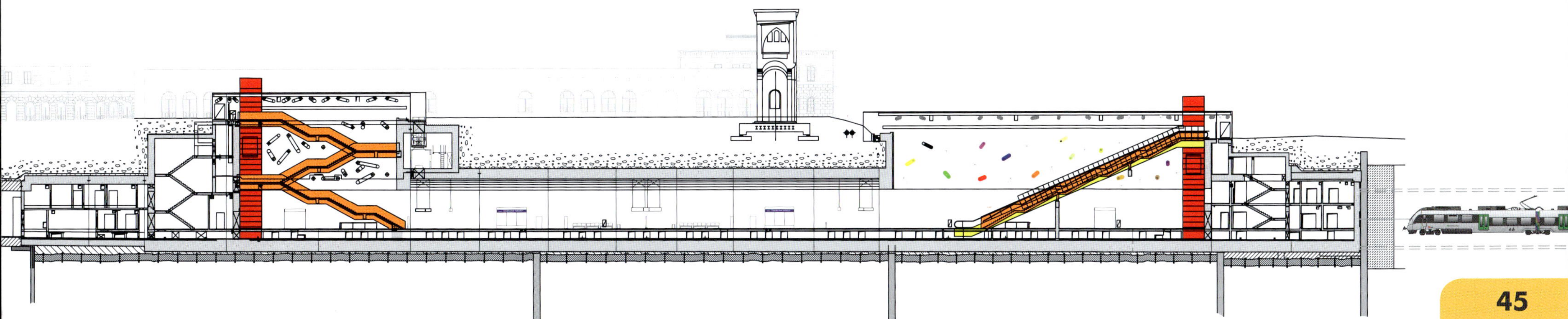

- Zur Montage der Deckenunterkonstruktion kam ein Laser zum Einsatz, der die Unterkante der zukünftigen Decke in den Raum projizierte.
- Die vier bis zu 68 m langen Entrauchungskanäle bestehen aus brandfestem Material. Pro Sekunde können sie bis zu 60 m^3 Brandgas aus der Station absaugen.
- In der Gewölbedecke ist nicht nur der Entrauchungskanal, sondern auch die Beleuchtungs- sowie die Akustik- und Brandmeldeanlage untergebracht. Weiterhin wurden an der Betondecke insgesamt 2 040 Akustikplatten angebracht. Nach Planung des Architekten erhielten sämtliche Bauteile der gesamten Decke einen schwarzen Anstrich.

↖ Ende 2011 begann die Montage der beiden Entrauchungsventilatoren.

← Durch die geringe Höhe unter dem Bahnsteig gestaltete sich die Montage von Kabeltrassen und Rohren sehr schwierig.

↑ Die Entwässerungsleitungen wurden unter anderem in den Betriebsraumfluren installiert.

TBAT 230-250-177
0800 / 97

WIESECKER GROUP
WIESECKER

SCHOLPP

MAXIMUM

← Vom Bauzug aus entlud man unmittelbar vor deren Montage die unteren beiden Fahrtreppenteile in der Station. Drei sich abwechselnde Autokrane benötigte man für den Einbau des oberen Abschnitts.

↑ In den Eingangsbauwerken ermöglichen die dort installierten Schienen der Befahranlage spätere Wartungs- und Reinigungsarbeiten.

↘ Für die Beleuchtung der Atrien wurden 25 Stahlrohre mit einem Durchmesser von 406 mm montiert. Durch die eigens für den City-Tunnel entwickelten Speziallichtleitrohre können nun die beiden Stationstreppen ausgeleuchtet werden.

- ⬆ Die Glasdächer der Atrien wurden auf die obere Steifenlage aufgesetzt. Insgesamt sind hier 42,4 t Stahl und 811 m² Glas verbaut.
- ⬇ Da jedes Rohr einen anderen Winkel zum Glasdach hat, sind folglich auch die Bögen der Stahlschwerter unterschiedlich gekrümmt. Nach vorläufigen punktuellen Fixierungen der Schwerter setzte man anschließend die endgültigen Schweißnähte.
- ➡ Mit Hilfe eines Autokranes erfolgte im Mai 2012 die Montage der insgesamt 274 Glasscheiben.

ANKUNFT
ABFAHRT
SÆCHS. BAYERSCHE STAATS-EISENBAHN

- Auf der Bahnsteigplatte wurden 1 436 m² Estrich als Ausgleichsschicht eingebaut.
- An den Blockfugen sind Dehnfugenprofile für eventuelle Längenänderungen aufgesetzt.
- Den 30 cm breiten Blindenleitstreifen ließ man in den Granitplattenbelag ein.

- Im Brandfall öffnen die Entrauchungsklappen automatisch. Dann können durch die darunter liegenden Entrauchungsventilatoren bis zu 216 000 m^3 Brandgas pro Stunde aus der Station nach oben gefördert werden.
- In den Feuerwehrschränken auf dem Bahnsteig ist ein Anschluss für die Feuerwehr (links im Bild) sowie ein Löschschlauch für den Erstangriff (rechts im Bild) eingerichtet.

Die insgesamt 42 Stützstreben in den Atrien sind in sieben unterschiedlichen Farben gestaltet. Die 25 Lichtstreben blieben hingegen im grauen Farbton.

In den Betriebs- und Verteilerräumen sowie in den Kabelschächten herrschte monatelang „geordnetes Chaos“. Bis jedes Kabel angeschlossen war, verging ein ganzes Jahr.

Ende 2012 war die Station nahezu fertig gestellt.

Auf Augenhöhe befindet sich ein in die silberne Fassade integriertes interaktives Farblichtband. Fährt ein Zug ein, wird dies durch die erhöhte Frequenz des Wechselns der bläulichen Lichtfarben in diesem Band angekündigt.

VORHER

NACHHER

Die Gestaltung der Freifläche am Zugang Bayrischer Platz erfolgte erst im Jahr 2014.

⬅ Die beiden entstandenen Rasenflächen wurden von Betonelementen eingefasst, welche auch als Sitzmöglichkeit genutzt werden können.

➡ Der neue städtische Platz vor dem Nordzugang wurde mit 2400 m² Kleinpflaster befestigt. Er erhielt zudem einen Baum mit einer Betonrundbank.

Station Leipzig Wilhelm-Leuschner-Platz

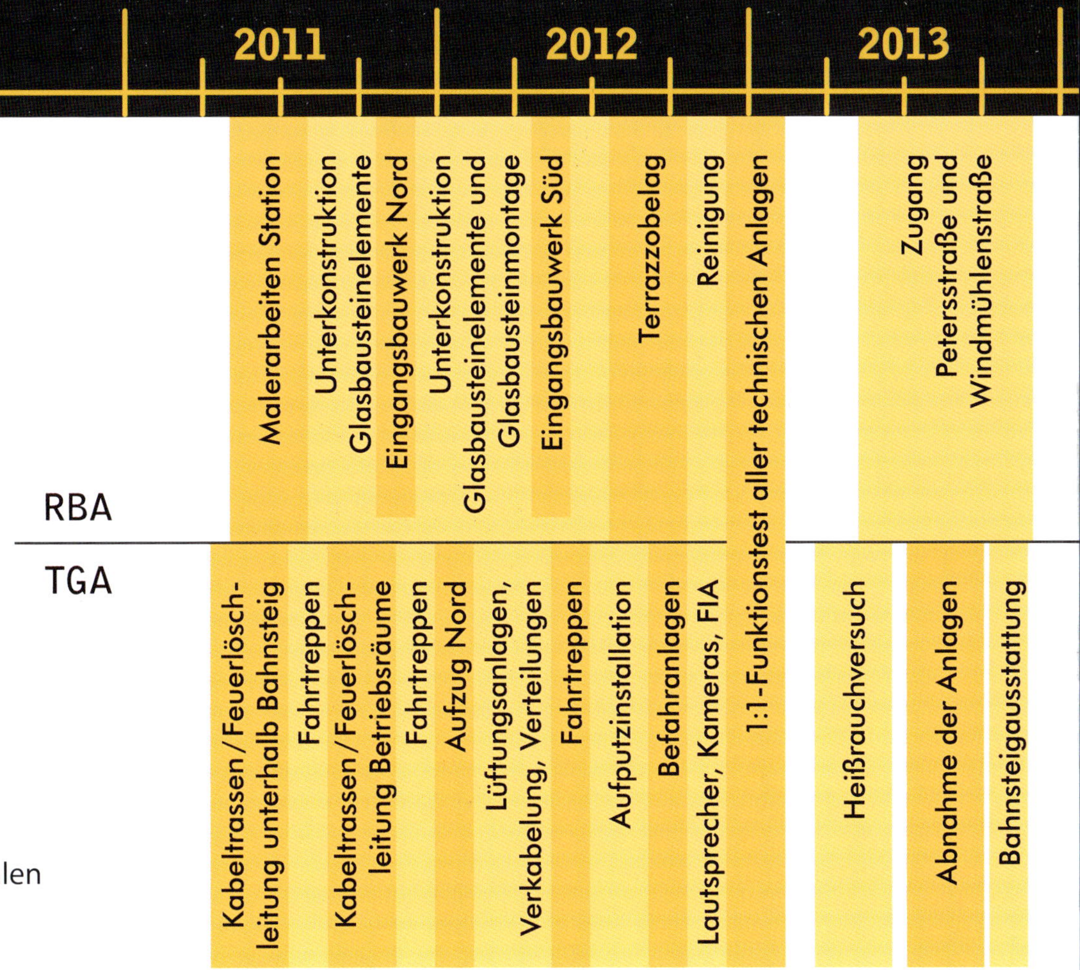

Eckdaten des Ausbaus der Station:

- 1 399 m² Bahnsteigbelag (Terrazzobelag und Blindenleitstreifen)
- 268 t Stahlunterkonstruktion der Glasbausteinelemente
- 43 Glasbausteinelemente Fassade Eingangsbauwerke
- 474 Glasbausteinelemente Fassade Station
- 45 Glasbausteinelemente Decke Eingangsbauwerke
- 329 Glasbausteinelemente Decke Station
- 29 500 m² Flächenanstrich
- 80 Türen / 2 Hubtore
- 4 Befahranlagen / 2 Aufzüge / 8 Fahrtreppen
- 830 m Feuerlöschleitung
- 1 771 m Kabeltrassen / 74 024 m Stark- / 38 849 m Schwachstromkabel
- 1 230 Leuchten
- 18 Lautsprecher
- 556 Rauchmelder
- 850 m² Zuluftkanalleitung / 78 Brandschutzklappen
- 7 000 m² Graffitischutz
- 8 Videoüberwachungskameras
- 2 Uhren / 4 Fahrgastinformationsanlagen / 3 Notruf- und Informationssäulen

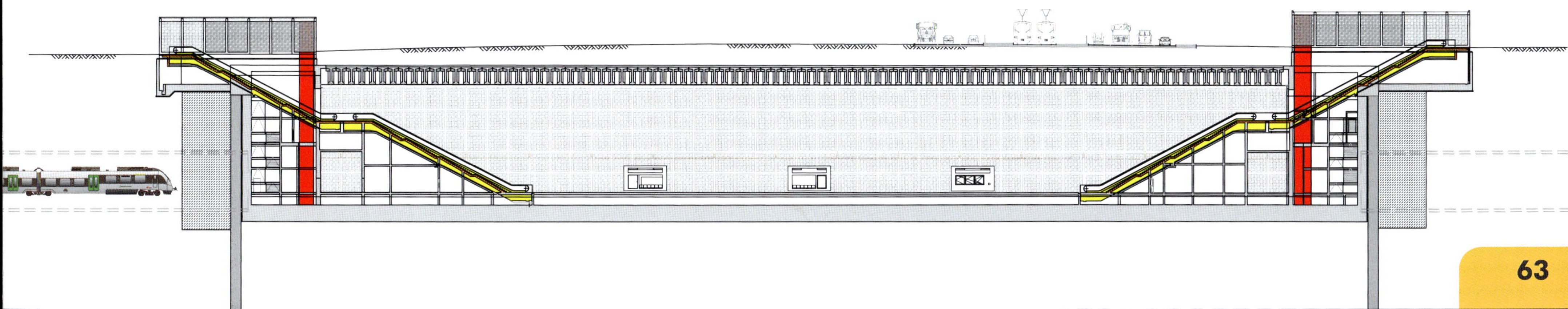

↖ Die Montage der vier unteren Fahrtreppen erfolgte mit Hilfe eines Autokranes vom Bauzug aus. Ursprünglich war der Einsatz von Seilzügen, die an den Deckenträgern befestigt werden sollten, geplant.

← Vor der Herstellung der Glasbausteinelemente der Station und der Eingangsbauwerke wurde ein Musterbauwerk errichtet.

↓ Unter dem Bahnsteig mussten die Feuerlöschleitungen in sehr geringer Montagehöhe verlegt werden.

- Die Unterkonstruktion der aufgeständerten Fassade hat ein Gesamtgewicht von 85,5 t und besteht aus einzelnen verzinkten Stahlelementen.
- Jeweils vier Halfenschrauben verbinden die sechs Konsolen der Deckenelemente mit der Ankerschiene.
- Insgesamt sind acht Konsolenreihen an der Längsachse der Stationsdecke angeordnet.

MANITOU

- ← Bis Oktober 2011 konnte etwa ein Drittel der Unterkonstruktion montiert werden.
- ↓ Der Blick von der fünften Ebene nach unten zeigt die einzelnen Querträger mit Bewehrungseisen vor der Betonage.
- → Die verzinkte Stahlkonstruktion wurde aus Gründen des Brandschutzes nach Montageende mit Pagel, einem fließfähigen Beton, verfüllt.

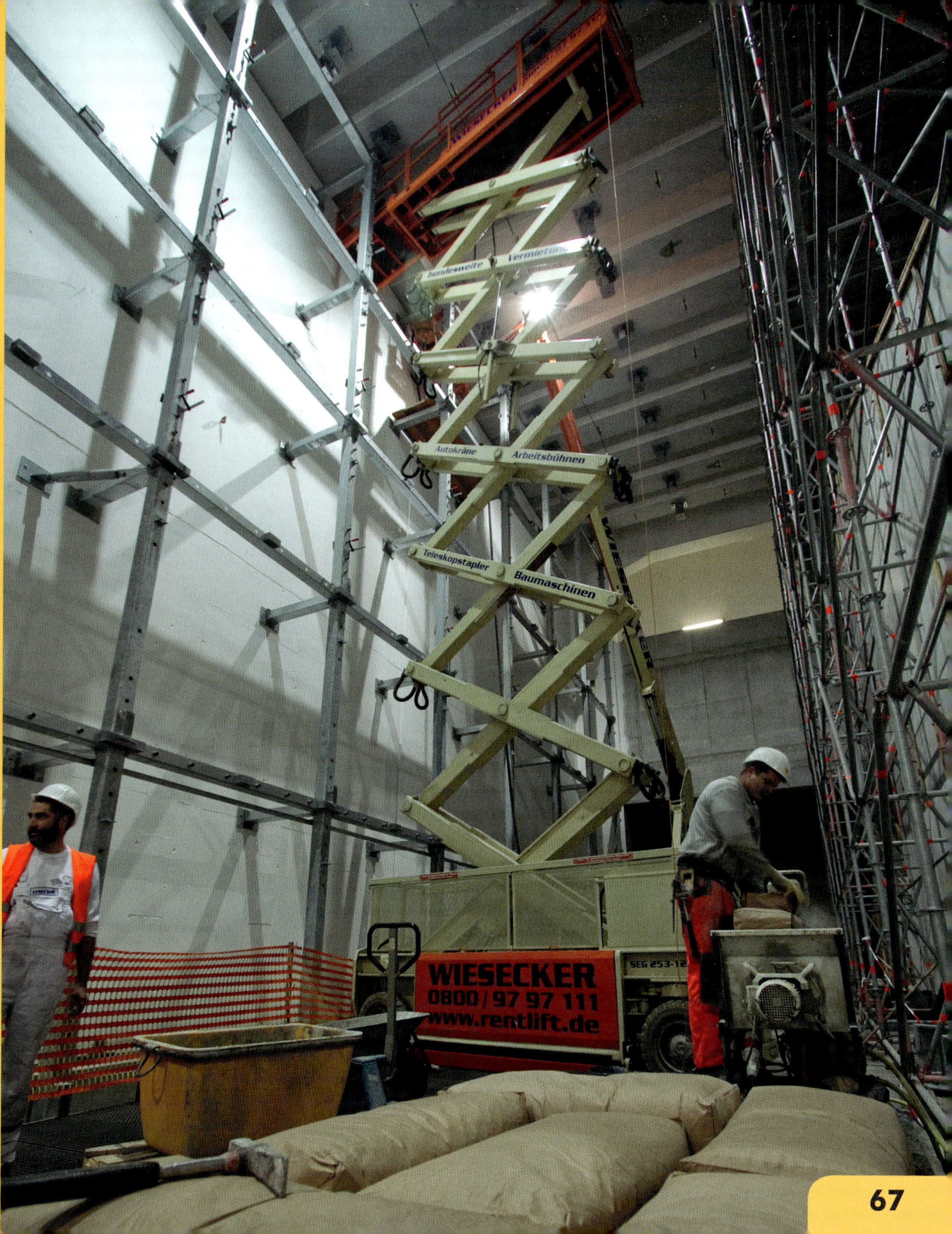

- Am 22. September 2011 wurde das erste Glasbausteinelement am Eingangsbauwerk Nord montiert. Ein Wandelement ist ca. 3,0 m × 4,5 m groß.
- Der Aufzugsschacht an diesem Haltepunkt hat mit 21,14 m die größte Förderhöhe im gesamten Bauprojekt. An der Station Bayerischer Bahnhof weist der Schacht beispielsweise eine rund 9 m geringere Förderhöhe auf.
- Die Eingangsbauwerke bestehen aus einer Pfosten-Riegel-Konstruktion mit einer Ausfachung aus Glasbausteinelementen. Da das nördliche Eingangsbauwerk auf höherem Gelände liegt, erfordert die Bauwerksgeometrie hier ein Feld mehr als im Süden.

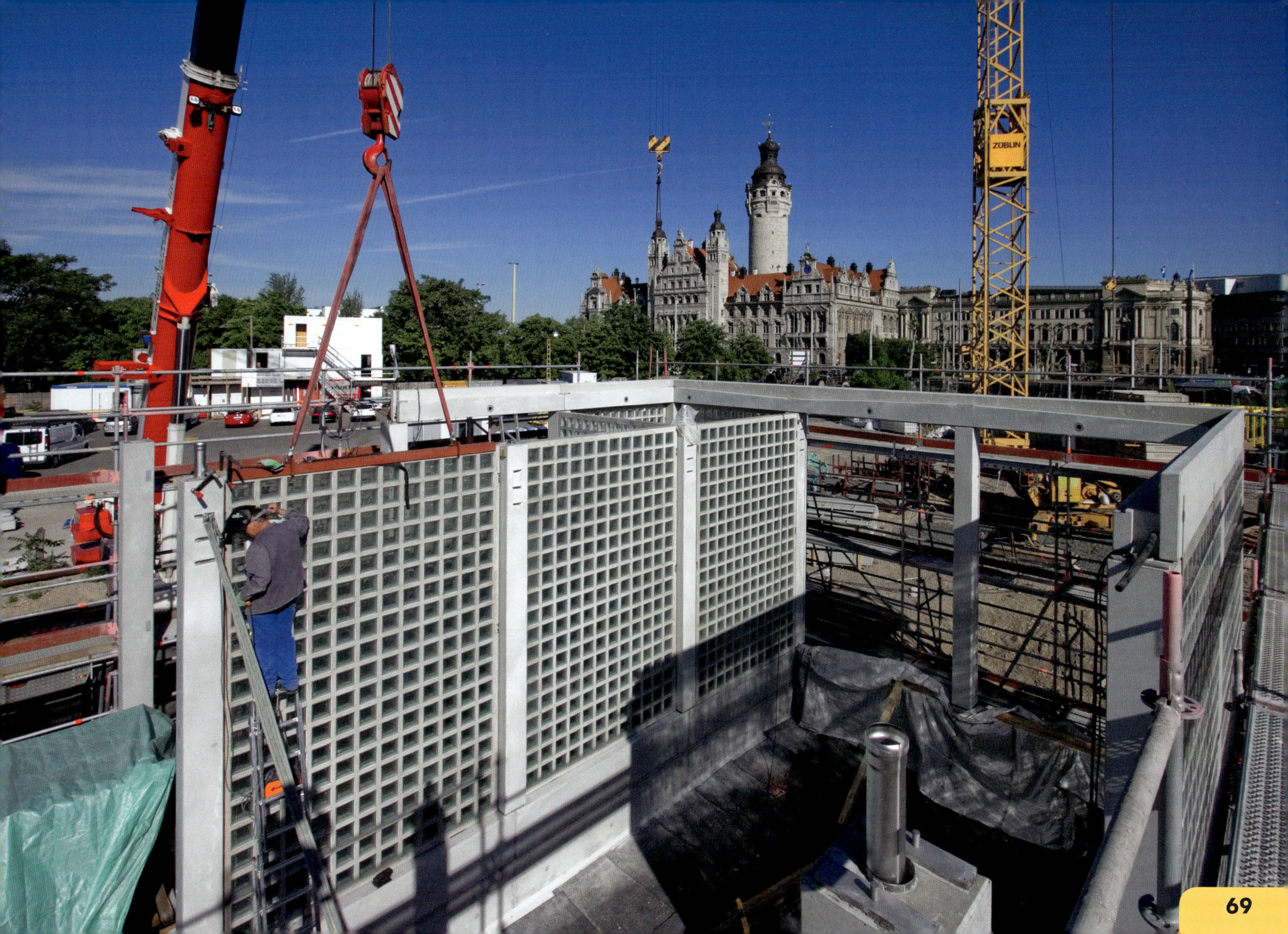
ZÜBLIN

- 🡐 Die 329 Glasbausteinelemente für die Decke wurden jeweils mit vier Spezialkettenkranen einzeln montiert. Diese fahrbaren Hubeinrichtungen befanden sich in den kleinen Freiräumen zwischen den Deckenbindern. Nachdem eine Achse montiert war, setzte man die Hubeinheiten zur nächsten Montageachse um.
- 🡑 Per Hand mussten die ca. 1,6 t schweren Elemente dann querverschoben und anschließend an je sechs Konsolen befestigt werden.
- 🡓 Zum Schluss wurden die Zwischenräume mit Betonwerksteinelementen aus Sichtbeton gefüllt. Dazu arbeiteten die Mitarbeiter liegend auf der Decke und befestigten so die Elemente.
- 🡒 Die ca. 3 m × 3 m großen Fassadenelemente wurden an der Verbundstützenkonstruktion befestigt.

⬆ Zwischen den Glaselementen der Decke sind 336 Wannenleuchten, welche die Decke erhellen, montiert. Um die Station optimal auszuleuchten, scheinen zusätzlich 96 Flächenstrahler durch Öffnungen der Glasbausteinelemente.

⬅ In den fünf Ebenen der Wandelemente sind an jeder Längsseite 240 Wannenleuchten montiert, die durch die Gesamtheit aller indirekt bestrahlten Glasbausteinflächen dem Fahrgast ein Tageslichtgefühl vermitteln.

⬇ Im Nord- und Südkopf der Station befindet sich jeweils eine Befahranlage, mit der alle Fassadenbereiche erreicht und gereinigt werden können.

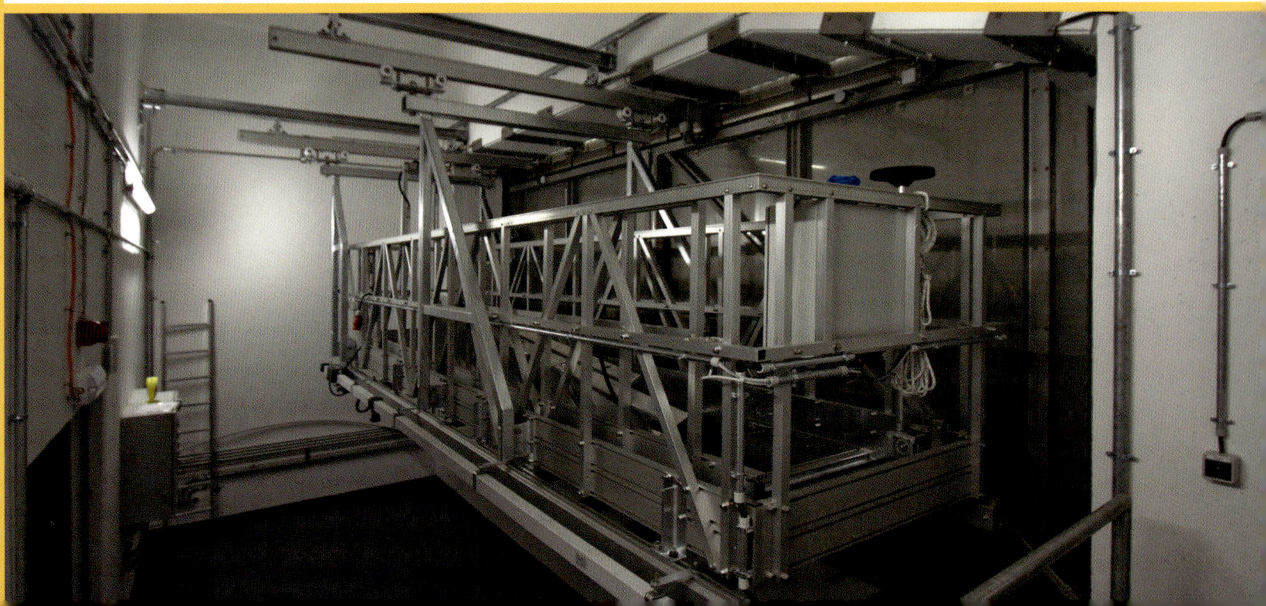

- ↖ Der Fußboden in der Station besteht aus verschiedenen Abschnitten, die durch Edelstahlwinkel voneinander abgetrennt sind.
- ↙ Für die Herstellung des Terrazzobelages goss man Verbundbeton in die betreffenden abgegrenzten Flächen und glättete diese anschließend.
- ↑ Nachdem dieser weiße Spezialbeton ausgehärtet war, wurde er im vorletzten Schritt mit einer Schleifmaschine bearbeitet, bis eine glatte Oberfläche entstand. Später wurde diese noch versiegelt.
- ↓ Verschiedene in den Boden integrierte Strukturplatten bilden die Leit- und Begleitstreifen einschließlich der Aufmerksamkeitsfelder des Blindenleitsystems.

DB

2
Start: 15. Dez. 2013
City - Tunnel Leipzig

2
Leipzig/Halle Flugh
00:47
1442 601

2 100 m² Schlesischer Granit umschließen das nördliche Zugangsbauwerk als Oberflächenbefestigung.

VORHER

NACHHER

ZÜBLIN

Eckdaten des Ausbaus der Station:

- 3 000 m² Bodenbelag (Terrakottabelag und Leitstreifen)
- 43 t Edelstahl für Aussichtskanzeln und Durchgänge Süd / Nord
- 4 330 m² Fassadenfläche aus Terrakottaplatten
- 1 040 m² Fassadenfläche aus Keramikstäben
- 24 Hängestäbe
- 3 690 m² Flächenanstrich
- 64 Türen / 1 Schiebetor / 1 Bodentor
- 1 Aufzug / 6 Fahrtreppen
- 840 m Feuerlöschleitung
- 1 888 m Kabeltrassen / 34 245 m Stark- / 37 327 m Schwachstromkabel
- 584 Leuchten
- 20 Lautsprecher
- 196 Rauchmelder
- 1 598 m² Zuluftkanalleitung / 51 Brandschutzklappen
- 3 100 m² Graffitischutz
- 10 Videoüberwachungskameras
- 1 Uhr / 2 Fahrgastinformationsanlagen / 3 Notruf- und Informationssäulen

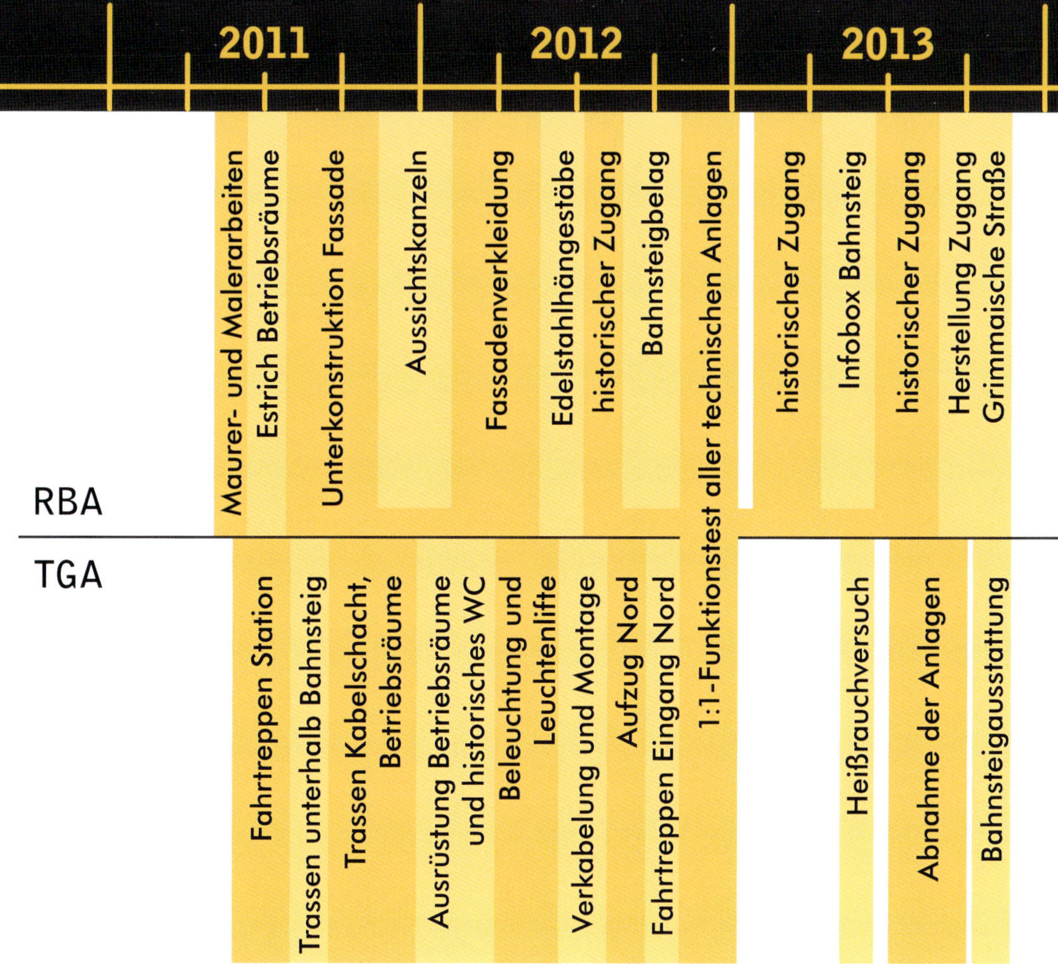

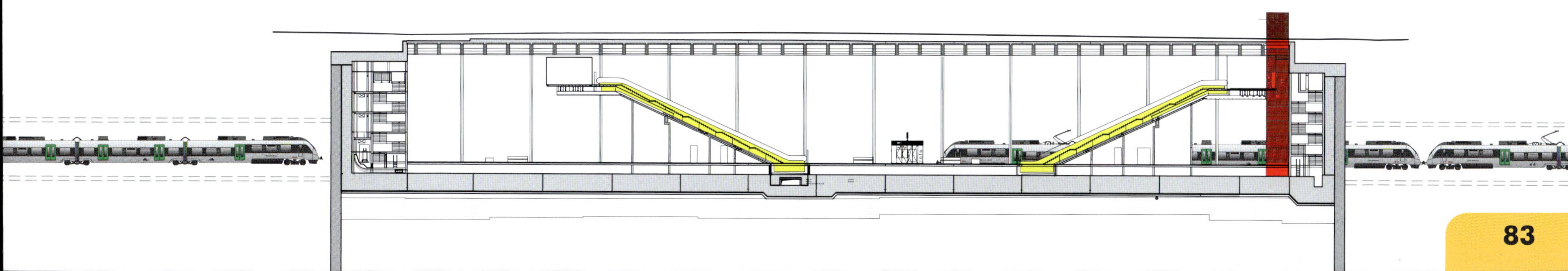

- Aufgrund der durch die Umgebung des Marktplatzes begrenzten Stationslänge befinden sich die Betriebsräume in der Zwischenebene. Dies hat zur Folge, dass alle Kabel durch einen 16,33 m tiefen Schacht führen.
- Unter dem Bahnsteig, der nur eine Montagehöhe von 60 cm bis 120 cm aufweist, wurden Spezialarbeitsrollwagen eingesetzt, um unter anderem die Lüftungskanäle (Bild oben rechts), Entwässerungsleitungen (Bild in der Mitte rechts) und Kabeltrassen (Bild unten rechts) zu errichten.

Auch in der Station Markt erfolgte die Montage der Fahrtreppen entgegen der ursprünglichen Planung direkt vom Bauzug mit einem Autokran. Wie auch am Wilhelm-Leuschner-Platz war die Montage ursprünglich mit Seilzügen geplant. Dies erkennt man noch heute an der erhöhten Anzahl von Schraubankern in den Deckenbindern über den Fahrtreppen.

Die Keramikfassade ist 15,87 m hoch und besteht aus 65 Plattenreihen. Die Unterkonstruktion aus Edelstahl teilt sich horizontal in zwei baulich voneinander getrennte Bereiche auf. Die Keramikplatten wurden in Schwerter gehängt, die mit Gleit- (Bild oben) und Festlagern im Raster von 1 m × 1 m an der Fassade befestigt sind.

⬅ Am 12. Oktober 2011 wurden die ersten Fassadenplatten eingehängt.

🡐 Es waren mehrere ca. 15 m hohe Spezialgerüste notwendig, um die Brandmeldeanlage sowie die Fassadenunterkonstruktion zu montieren. Diese Gerüste wurden so konstruiert, dass Bauzüge hindurchfahren konnten. Der Verschub des auf Rollen gelagerten Gerüstes erfolgte durch die Kraft von sechs Arbeitern.

🡑 Für die Herstellung der beiden Aussichtskanzeln, welche einen schönen Blick in die Station ermöglichen, war ebenfalls viel Manneskraft erforderlich. Denn hier mussten die etwa 750 kg schweren und 20 mm dicken Edelstahlplatten befestigt werden.

Im Bereich des Eingangs zur ehemaligen Untergrundmesshalle befanden sich vor deren Abriss östlich und westlich der Zugangstreppe nach Geschlechtern getrennte Sanitäranlagen. Die neuen Türen an diesen Stellen wurden optisch den historischen nachempfunden. Aufgrund der Stationsarchitektur konnten die beiden Toilettenanlagen nur noch im östlichen Bereich eingerichtet werden. Hinter der Tür auf der gegenüberliegenden Seite befindet sich eine ca. 15 cm starke Wand. Wäre an dieser Stelle ein Fenster, könnte man direkt in die Station schauen.

Der Boden sowie die Wände wurden analog zur Optik der Station mit Terrakottaplatten gestaltet. Die Trennwände zwischen den einzelnen Toiletten bestehen aus emailliertem Sicherheitsglas.

- Die Eingangshalle am Zugang Grimmaische Straße wurde als Foyer geplant. Im Januar 2012 ist die Glaswand fertig gestellt. Die Decke und der Fußbodenbelag aus Terrakottaplatten im Leiterverband fehlten noch.
- Zur Eröffnung wurde der temporäre Infopoint der S-Bahn in Betrieb genommen. Hier werden Auskünfte erteilt und Fahrscheine verkauft. Auch Snacks und Getränke werden angeboten.
- Der Blick von der Aussichtskanzel lädt hier zum Verweilen ein.

← Im Januar 2012 erfolgte die Endmontage der Fahrtreppen.

↑ Zur Verbesserung der Akustik in der Station sind unter anderem die Betriebsräume unter den Fahrtreppen mit Absorptionsplatten aus Glasgranulat verkleidet. Auf diesen wurde eine Baguettefassade, bestehend aus 5 cm × 5 cm dicken Keramikstäben, angebracht.

↗ Die Zugangsbrücken erhielten im Frühjahr 2012 eine 2 m hohe, eingespannte Glasbalustrade.

→ Die Wände des 23,26 m hohen Aufzugsschachtes sind ebenfalls zum überwiegenden Teil verglast.

Leipzig

↑ In der Zwischenebene der Station befinden sich 15 Betriebsräume, die an einem langen Flur angeordnet sind. Das Bild gewährt einen Blick in den Kabelschachtraum, in dem alle Versorgungsleitungen zusammenlaufen.

← In einem der anderen Räume ist auch der Feuerlöschtank mit dem für den Erstangriff vorrätigen Wasser untergebracht. Dieser hat ein Fassungsvermögen von 12 000 Liter.

→ Anfang Juni 2012 begann der Einbau der insgesamt 24 Hängestäbe aus Edelstahl, in denen die Sicherheitsbeleuchtung untergebracht wurde. Weiterhin sind in vier dieser 180 mm dicken Säulen Lautsprecheranlagen integriert. Zusätzlich sind an vereinzelten Stäben Signale, Rettungszeichen sowie Kameras des Zugabfertigungs- und Überwachungssystems angebracht.

→ Nach der Montage der bis zu 15,73 m langen Stäbe im Juni 2012 veränderte sich das Aussehen der Station deutlich.

→ Die 228 Strahlerleuchten in der Decke sind mit Leuchtenliften ausgestattet. Mit Hilfe einer Fernbedienung können somit die Leuchten bei Bedarf von der Stationsdecke bis auf Bahnsteighöhe hinabgelassen werden.

BAUER

- ↑ Auf dem Rohbaubahnsteig wurde eine 5 cm dicke Estrich-Schicht aufgetragen und geglättet, um die Höhentoleranzen auszugleichen.
- ↓ Im Behindertenschutzraum befinden sich drei Stellplätze sowie eine Notrufsäule und ein Belüftungssystem.
- → Die auf dem Bahnsteig verlegten Terrakottaplatten mit einer Größe von jeweils 90 cm × 30 cm bedecken eine Gesamtfläche von 1250 m^2.

Das Einsetzen der letzten zwei Fahrtreppen am 4. September 2012 erfolgte unter großer Anteilnahme zahlreicher Interessierter.

← Für den Wiederaufbau des historischen Zugangs wurden im Juni 2012 die ersten Kubikmeter Ausgleichsbeton einschließlich der Leerrohre für die Elektrokabel der LED-Handlaufbeleuchtung eingebaut.

↓ Bevor abschließend die Befestigung des bronzenen Schriftzuges erfolgte, verlegte man 105 Granitblockstufen, um die Steigungen der Treppenanlage herzustellen.

Die Treppenanlage zur Untergrundmesshalle aus dem Jahre 1925, die nun als Zugang zur Station dient, wurde originalgetreu mit insgesamt 153 Natursteinblöcken aus Rochlitzer Porphyr wiedererrichtet. Nur zehn dieser Blöcke mussten neu gefertigt werden. Alle anderen Blöcke wurden in enger Abstimmung mit dem Denkmalschutzamt aufwendig saniert.

- In der Mitte der Station wurde ein Infopoint angeordnet, an der die Fahrgastinformationsanlagen, eine Notrufsäule, eine Uhr und vier zusätzliche Lautsprecher angebracht sind. Auch die Fahrpläne hängen hier aus.
- Im Bereich des südlichen Zugangs fand im Jahr 2013 der Abschluss der Pflasterarbeiten statt. Nach Fertigstellung ist die Marktplatzinnenfläche entgegen seiner Ursprungsgröße um ca. 1 200 m^2 erweitert worden.

1442 100

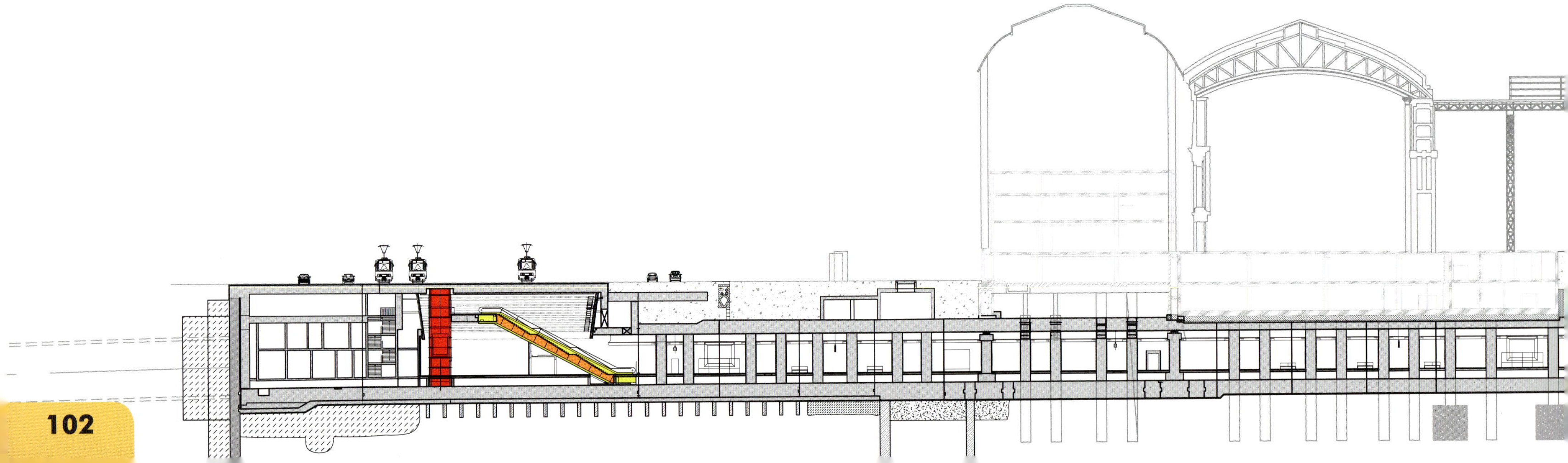

Station Leipzig Hauptbahnhof (tief)

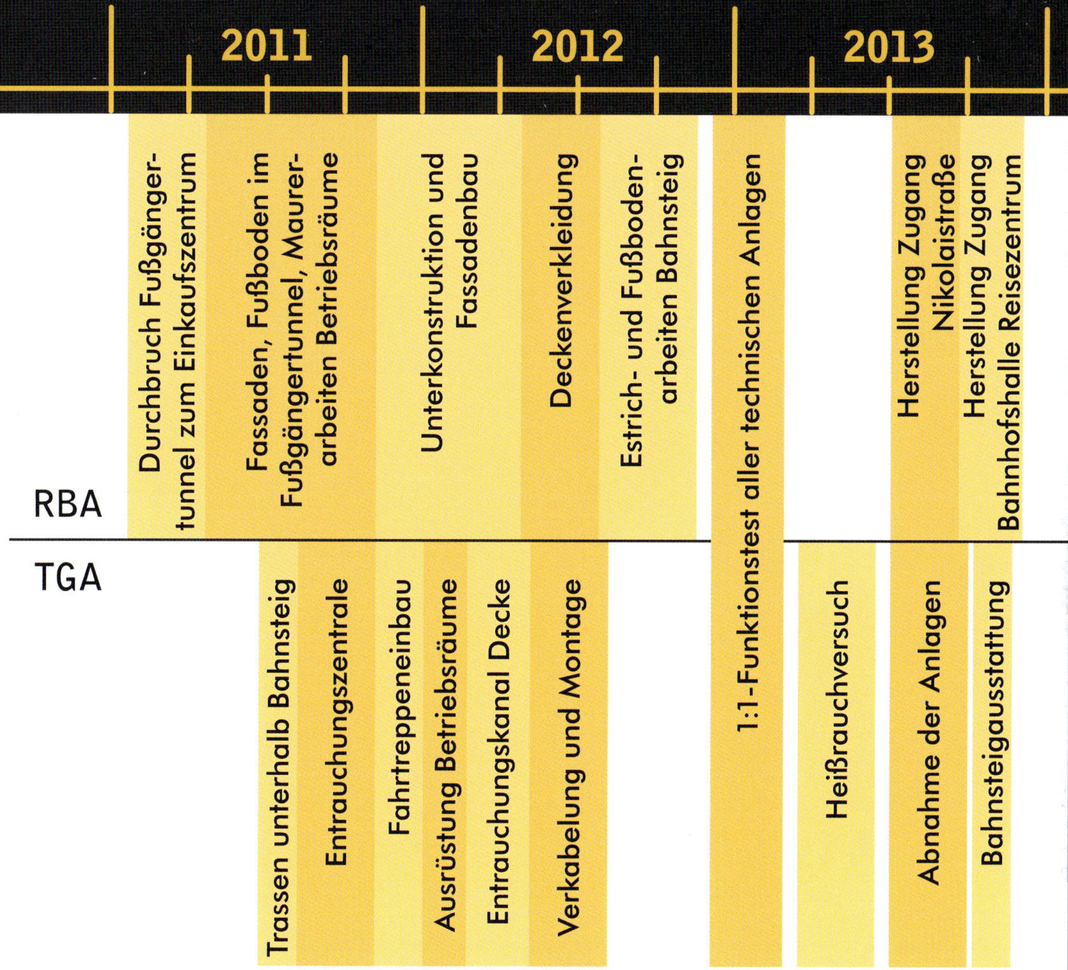

Eckdaten des Ausbaus der Station:

- 3 100 m² Bahnsteigbelag (Naturstein und Leitstreifen)
- 5 150 m² Fassadenfläche aus Jura-Marmor
- 2 200 m² Metallkassettendecke
- 3 700 m² Flächenanstrich
- 49 Türen / 2 Schiebetore / 6 Rolltore
- 5 Befahranlagen / 3 Aufzüge / 10 Fahrtreppen
- 1 300 m Feuerlöschleitung
- 2 714 m Kabeltrassen / 34 236 m Stark- / 36 916 m Schwachstromkabel
- 598 Leuchten
- 131 Lautsprecher
- 291 Rauchmelder / Entrauchungsanlage
- 2 620 m² Ent- und 265 m² Zuluftkanalleitung / 57 Brandschutzklappen
- 6 600 m² Graffitischutz
- 10 Videoüberwachungskameras
- 4 Uhren / 6 Fahrgastinformationsanlagen / 4 Notruf- und Informationssäulen

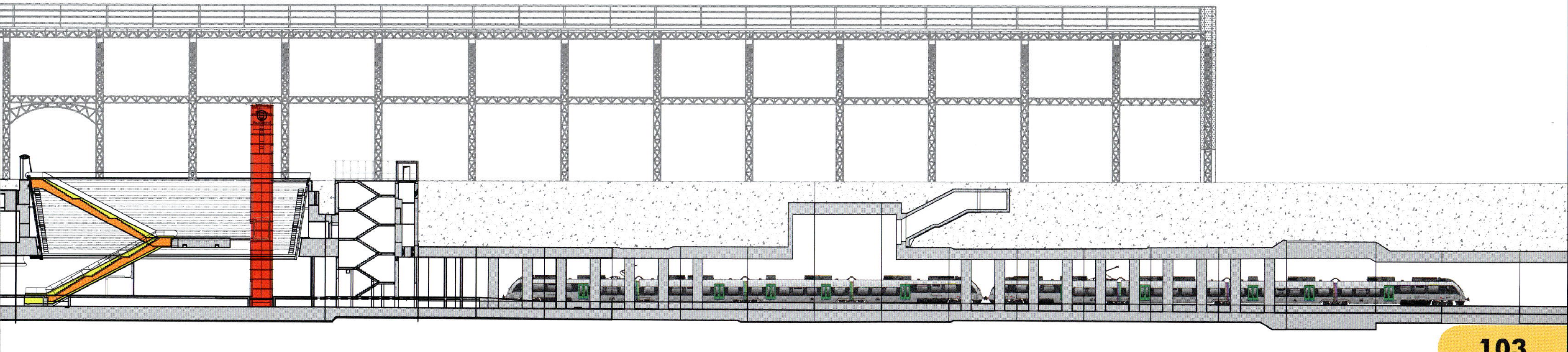

- Im Juli 2010 wurde die Wand zwischen dem Fußgängertunnel und den Hauptbahnhof-Promenaden entfernt. Eine Reihe Gitterträger stützte indes die Decke ab, bis der neue Unterzug hergestellt war.
- Um eine statische Verbindung zwischen den Bauwerken herzustellen, nutzte man das Hochdruckwasserstrahlverfahren, um dafür die alte Bewehrung der angrenzenden Decke freizulegen.
- Die Fertigstellung aller Arbeiten am Fußbodenbelag, den Decken und Wänden, welche genau wie die der Station optisch an die Gestaltung der Promenaden angelehnt sind, erfolgte bis Ende 2011.

⬆ Am 19. Juni 2012 gegen 2:30 Uhr wurden die letzten beiden Fahrtreppen der Station (Nr. 11 und 12) im Bereich der LVB-Haltestelle eingefädelt. Zuvor musste die Oberleitung abgeschaltet werden, um dann mit zwei Autokranen die jeweils 11 t schweren Fahrtreppen einheben zu können.

⬅ Am Nachmittag trafen die verpackten vorgefertigten Fahrtreppen ein.

➡ Beim Einsetzen standen zu beiden Seiten lediglich 10 cm Freiraum zur Verfügung.

↑ Die Entrauchungszentrale befindet sich unter dem westlichen Bahnhofsvorplatz. Die beiden Ventilatoren können 288 000 m³ Brandgas pro Stunde aus der Station saugen und durch einen Entrauchungskanal über die Fortlufttürme ableiten.

← Über eine Öffnung in der Parkplatzoberfläche wurden die beiden 2 t schweren Entrauchungsventilatoren zum Einbauort gehoben.

→ Die Inbetriebnahme der Verteilerebene fand bereits am 5. August 2013 statt.

Gleis 2

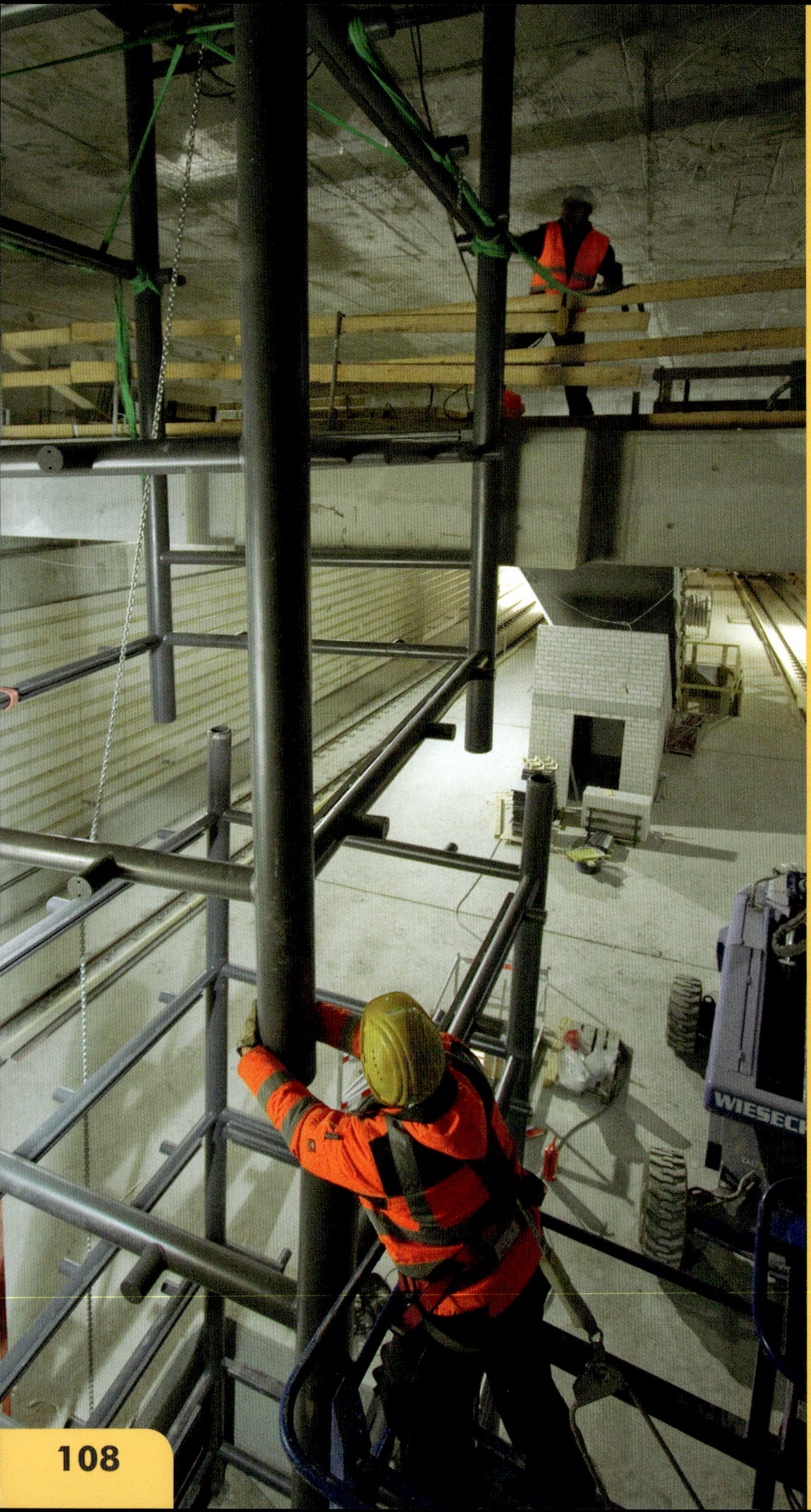

Die in zwei Einzelteilen vormontierte Stahlkonstruktion des 14,21 m hohen Aufzugsschachtes wurde mit Kettenzügen aufgerichtet und in die Aussparungen der Decke eingepasst.

Vor der Innenraumausgestaltung des kleinen Atriums erfolgte die Montage der Fahrtreppen Nr. 07 und 08.

Um die Arbeiten an der Fassade und Decke in den Atrien durchführen zu können, musste ein Raumgerüst errichtet werden. Im Gleisbereich ist dabei eine Durchfahrtsmöglichkeit für Bauzüge berücksichtigt worden.

- Die 132,3 cm × 91,0 cm großen Natursteinplatten aus goldgelbem Jura-Marmor wurden jeweils mit Hilfe von vier Systemhaltern an der ca. 2 600 m² großen Rohbaufassade der Station angebracht.
- Die 13 Bohrpfähle, die bereits vorbereitend im Jahr 1995 eingebracht wurden, sowie die zehn neuen Stützen vom Tunnelrohbau erhielten ebenfalls eine Verkleidung aus Natursteinplatten.

Im Mai 2012 fanden zeitgleich Arbeiten an den Stützen, den Decken und der Halblinse über dem Gleis statt.

Die Fassaden der beiden Atrien sind um 8° geneigt. Hinter der Konstruktion befindet sich der Wartungsgang, um zu den einzelnen Betriebsräumen gelangen zu können.

← Die Deckenlängsseiten versah man mit Gitterelementen. Dahinter liegen die Öffnungen des Entrauchungskanals, durch die im Notfall das Brandgas abgesaugt wird.

↓ Auf rund 2 000 m² Estrich wurden die Betonwerksteine und das Blindenleitsystem verlegt.

Im Juli 2012 hoben innerhalb mehrerer Nächte zwei Autokrane die vier jeweils 13,7 t schweren Fahrtreppen in den Zugangsbereich des großen Atriums ein. Sie überbrücken eine Gesamthöhe von 16,80 m.

In der Stationsdecke sind Kabeltrassen sowie Entrauchungskanäle und Rauchansaugsysteme untergebracht. Außerdem sind an der Decke Rauchmelder, Strahlerleuchten, Lautsprecher, Fahrgastinformationssysteme, Uhren und Kameras installiert.

Zusätzlich zum Zugang über die Treppenanlage besteht im großen Atrium auch die Möglichkeit über einen Aufzug zum Bahnsteig zu gelangen. Dieser ist mit einer an die vorhandenen Aufzüge der Bahnhofspromenaden angepassten Gesamthöhe von fast 30 m der höchste Aufzugsturm aller City-Tunnel-Stationen.

S 5
Leipzig/Halle Flughafen
1442 602
6-23
Bahn
Reise
Leipzig-Stötteritz
DB BAHN
Abfall

- So leer wie in den Nächten des Probebetriebs wird der Bahnsteig der Station selten zu sehen sein.
- Im Juli 2013 wurde der Bereich des Willy-Brandt-Platzes vor dem Zugang zur Verteilerebene neu gepflastert. Hier wird der Übergang zwischen Innenstadt, den LVB-Haltestellen, den Promenaden und der S-Bahn ermöglicht.
- Kurz darauf, im November 2013, erfolgten auch die Pflasterarbeiten am großen Atrium in der Längsbahnsteighalle.

VORHER

NACHHER

CTL

Einbindung in die Gleisanlagen am Hauptbahnhof

Unter laufendem Bahnverkehr fand die Einbindung des City-Tunnels in die Gleisanlagen des Hauptbahnhofes statt und stellte somit eine besondere Herausforderung dar. Neben dem Kreuzungsbauwerk MTh entstanden die Brücken über die Berliner und Rackwitzer Straße neu. Zudem wurde eine zusätzliche Station Leipzig Nord errichtet.
Ferner mussten insgesamt 12 km Gleisanlagen den neuen Erfordernissen angepasst sowie 43 Weichen, sechs Kreuzungsweichen und drei Kreuzungen eingebaut werden.

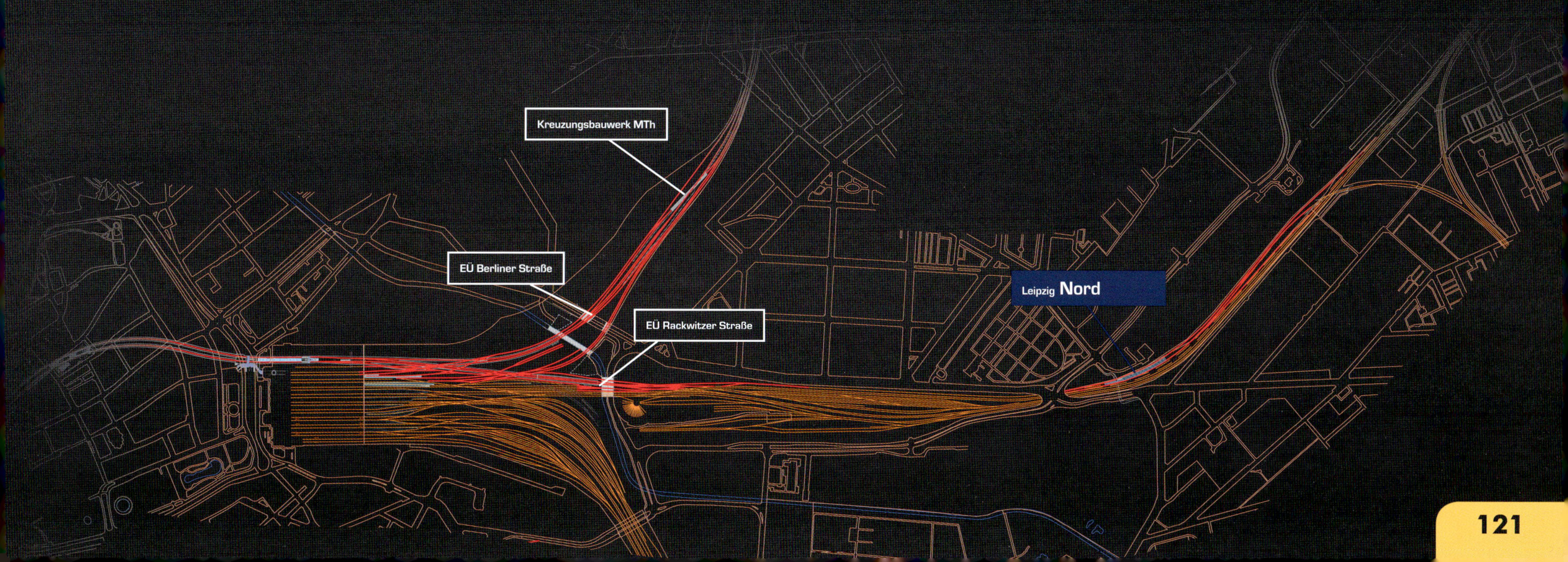

- Die Gleisanlagen 6 bis 8 wurden im Zuge der Anbindung des City-Tunnels neu errichtet.
- In den letzten Jahren vor dem Umbau verstärkten eingebaute Stahlschwellen die Gleise, um die Befahrbarkeit weiter gewährleisten zu können.
- Der Abbruch der alten Bahnsteige erfolgte im November 2011.
- Wie zuvor ist nun auch der neu erbaute Außenbahnsteig 8a wieder 170 m lang.

- ⬇ Im Jahr 2007 riss man bereits den alten Verkehrstunnel I ab. Ebenso verschwand das Stellwerk B3 (im Hintergrund des Bildes), um Baufreiheit für die neuen Gleisanlagen zu schaffen.
- ➡ Im Bereich der Gleisanlagen 6 bis 8 verschwand ebenfalls der ehemalige Eilguttunnel, der den schnellen Austausch von Gütern zwischen dem sächsischen und dem preußischen Eilgutschuppen ermöglichte. Dieser Tunnel befand sich ca. 240 m hinter der Bahnhofshalle und querte mit einer Länge von ca. 310 m das gesamte Gleisvorfeld.
- ↘ Im September 2012 wurde das auf preußischer Seite befindliche Ende des Tunnels abgebrochen. Hier befand sich ab der Inbetriebnahme des Kopfbahnhofes im Jahre 1915 die Förderanlage mit zwei Aufzügen, die jeweils einen Gepäckkarren vom Tunnel in den Eilgutschuppen befördern konnten. Damals tauschte man auf diese Weise täglich bis zu 140 t Güter zwischen beiden Bahnhofsseiten aus.

Zur Anbindung der Bahnsteige 6 bis 8 war der Neubau von insgesamt 14 Weichen notwendig.

↑ Um die Gleisanlagen mit Schotter zu versehen, mussten die Güterzüge teilweise auch in den Tunnel ein- und ausfahren.

↗ Erst im Juli 2013, nachdem die EÜ Berliner Straße fertig gestellt war, konnten die Gleise und Weichen im Westen montiert werden. Hier teilt sich der Streckenverlauf in die Richtungen Leutzsch und Schkeuditz auf.

↘ Die Anbindung der Strecke nach Halle (Saale) erfolgte dann zwei Monate später. Das alte Verbindungsgleis im Bereich der Theresienstraße (rechts im Bild) auf die Strecke 6367 wurde komplett zurückgebaut. Die Oberleitungsanlagen wurden anschließend dem Endzustand angepasst.

→ Die Luftbildaufnahme zeigt das Bahnhofsvorfeld im Mai 2012. Hier ist noch die alte Eisenbahnüberführung über die Berliner Straße zu sehen. Etwa in Bildmitte erkennt man die Ein- und Ausfahrtsbauwerke Nord sowie West und den dazwischen befindlichen Rettungsplatz.

⬆ Im September 2013 ist die Nordrampe einschließlich des Rettungsweges, der Notbeleuchtung sowie der Oberleitungs- und Signalanlage fertig gestellt.

➡ Bei der Westrampe vergrößert sich stark der Abstand der beiden Gleise, da im Anschluss an die Rampe das Kreuzungsbauwerk folgt.

88
88
W-26

79
0

Station Leipzig Nord

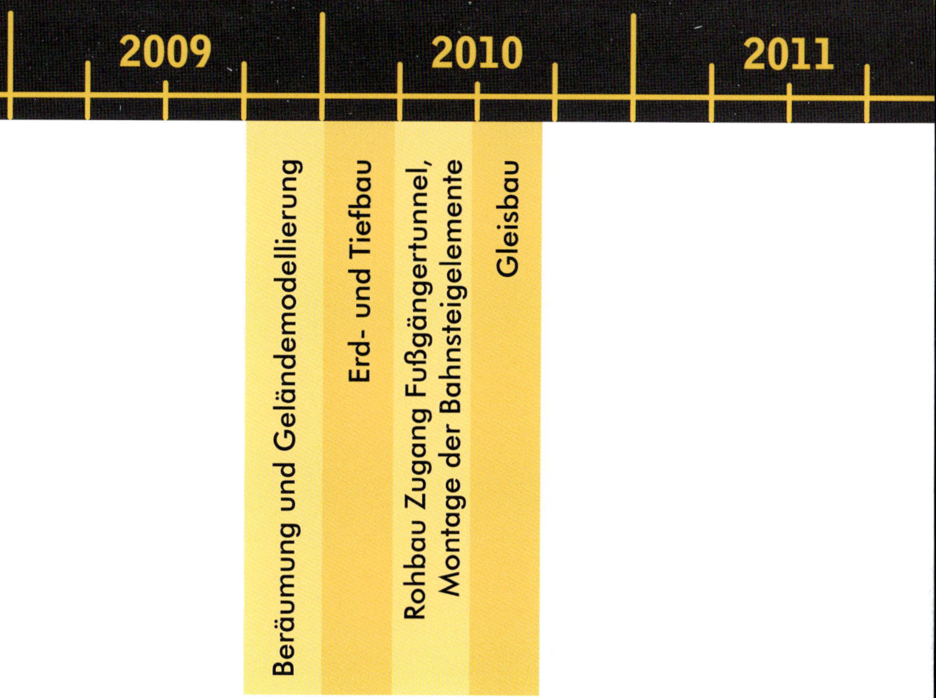

Die neue, barrierefreie Station Leipzig Nord befindet sich nördlich der Berliner Brücke. Diese ist mit einem 140 m langen Inselbahnsteig sowie einem Zugang zum vorhandenen Fußgängertunnel unterhalb der Bahngleise mittels Treppe und Rampe ausgestattet.

Die Gleise der vorhandenen Strecke 6396 wurden leicht nach Westen verschwenkt. Nördlich der neuen Station führt ein neues Gleis westlich am Kreuzungsbauwerk Uf Eilenburg vorbei. So binden die Strecken aus Delitzsch und Taucha kreuzungsfrei in die Station ein. In diesem Bereich wurden insgesamt 1 650 m Schwellengleis, 8 Weichen, 22 Signale und 3 Regenrückhaltebecken neu errichtet.

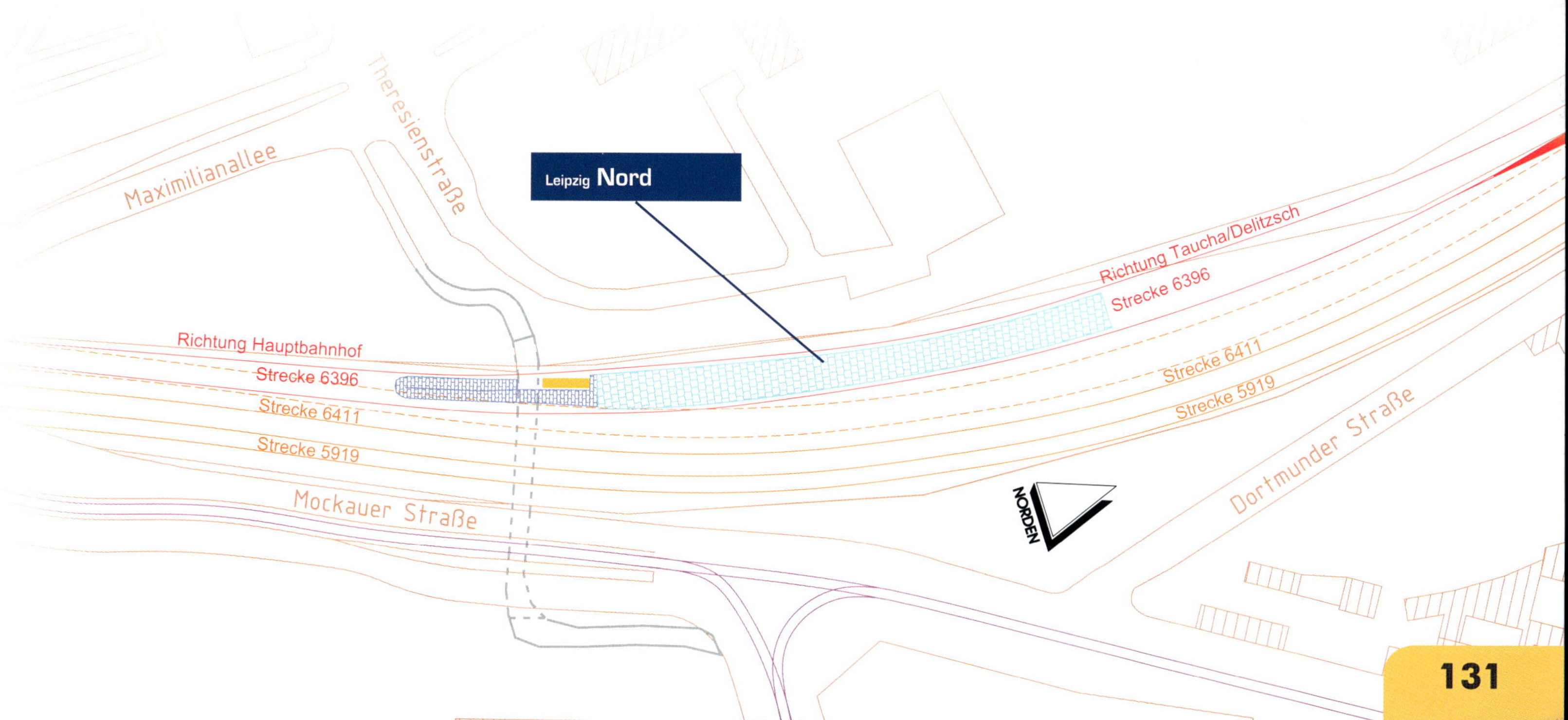

KOMATSU

- Der Bahnsteig der neuen Station ist in Fertigteilbauweise errichtet worden. Die Fundamente wurden auf die vorher geebnete Fläche gesetzt und darauf die Bahnsteigelemente montiert.
- Der Zugang erfolgt über eine ca. 75 m lange Rampe vom Fußgängertunnel aus.
- Im nördlichen Abschnitt sind die Gleisanlagen in Richtung des Kreuzungsbauwerkes neu verlegt und den Gegebenheiten angepasst worden.
- Ebenfalls vom Fußgängertunnel aus ist der Bahnsteig über eine Treppenanlage erreichbar.
- Der 140 m lange Bahnsteig besteht aus insgesamt 94 Fertigteilplatten.

Kreuzungsbauwerk MTh

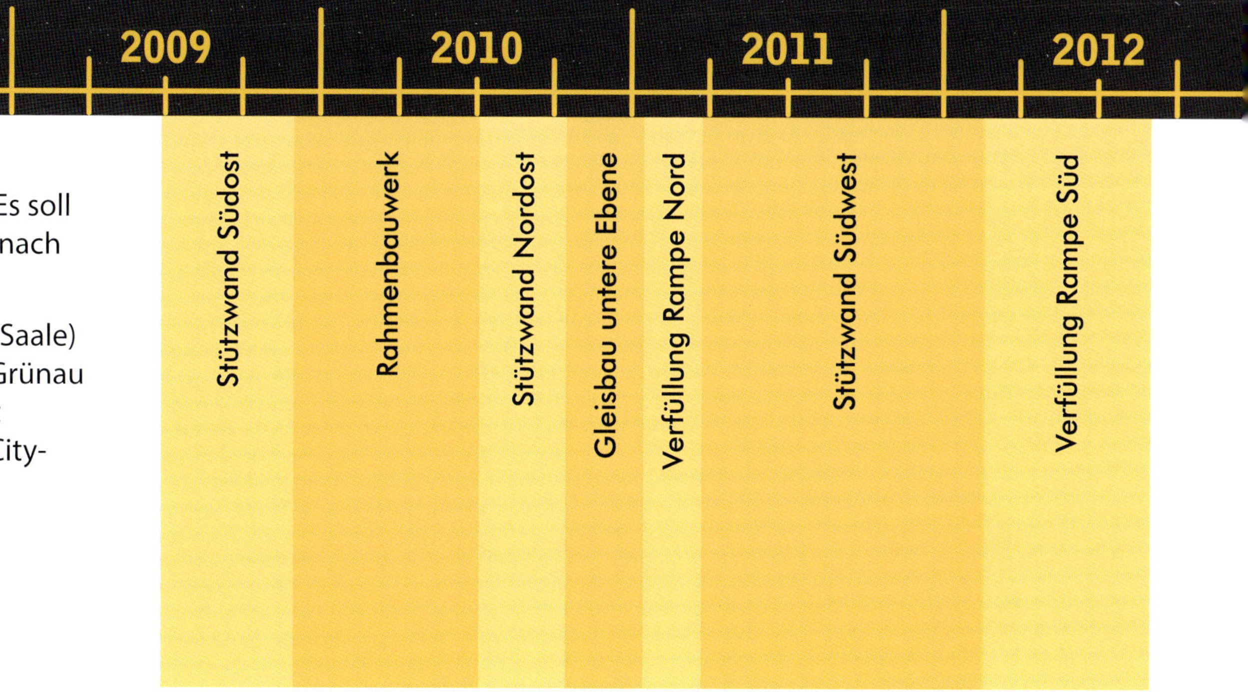

Das Kreuzungsbauwerk MTh ist nach dem dort ehemalig befindlichen Magdeburg-Thüringer Güterbahnhof benannt. Es soll eine kreuzungsfreie Aus- und Einfahrt der S-Bahnen aus bzw. nach Halle (Saale) und Leipzig Grünau regeln.

So werden die S-Bahnen, welche zwischen Leipzig und Halle (Saale) verkehren, über das Bauwerk geführt. Die Trasse in Richtung Grünau verläuft östlich daran vorbei und die Strecke aus Grünau führt unterhalb des Bauwerkes hindurch, um anschließend in den City-Tunnel einzumünden.

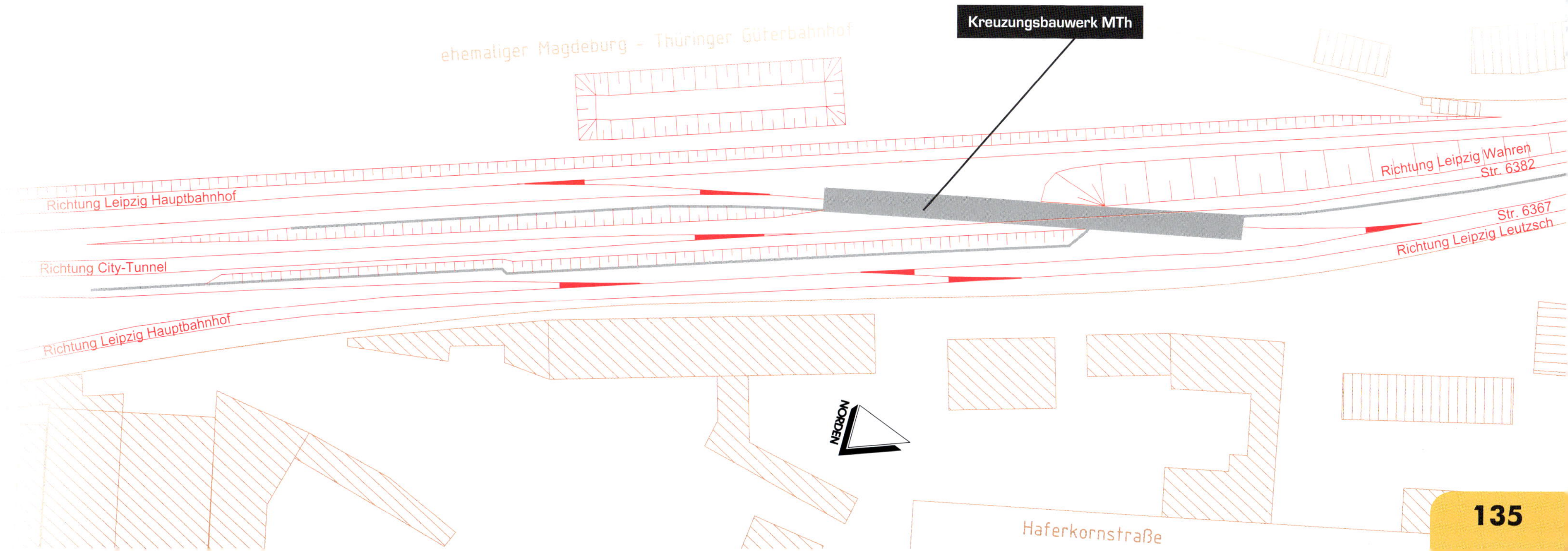

KIRCHNER
SIMONA

- ⬆ Die Herstellung des Bauwerkes mit einem Kreuzungswinkel von 6,84° erfolgte von Juli 2009 bis August 2010. Dieser geringe Winkel erforderte Stützwände mit einer Gesamtfläche von 5 500 m².
- ⬋ Der Querschnitt des 6,80 m breiten Bauwerkes ist im April 2010 schon gut zu erkennen.
- ⬅ Der Abzweig an der Strecke 6367 wurde schon im Vorfeld der Baumaßnahme eingebaut, um Sperrphasen zu vermeiden. Direkt neben der alten Strecke entstand eine Stützwand für die neue Trasse nach Halle (Saale).
- ➡ Im Juli 2013 waren die Gleisanlagen auf dem Bauwerk fertig gestellt. Der S-Bahn-Verkehr lief in dieser Zeit noch über die alte Strecke neben dem neuen Kreuzungsbauwerk.

Eisenbahnüberführung Berliner Straße / Parthe

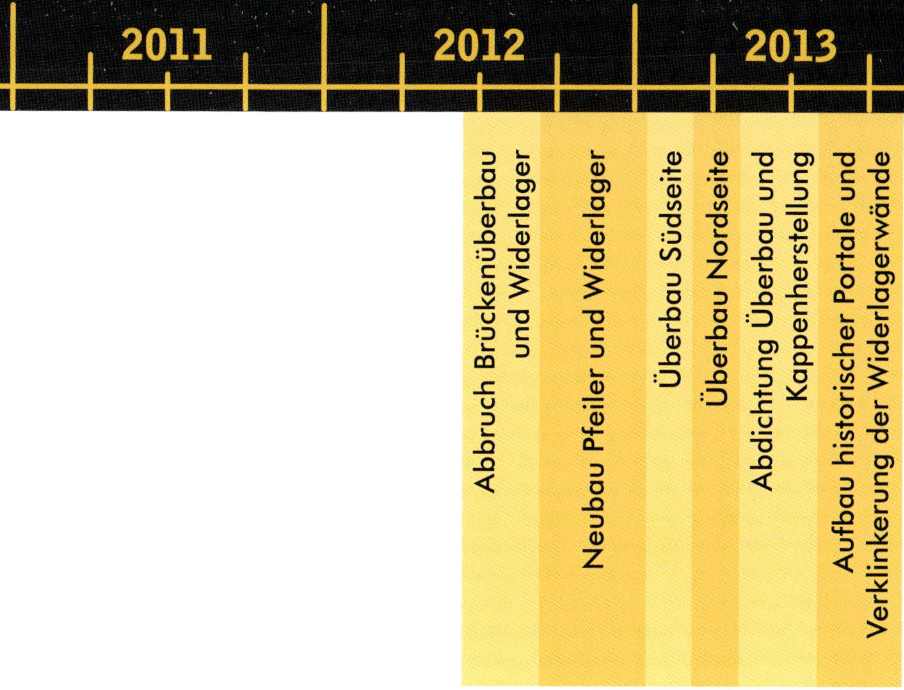

Bei den Ersatzneubauten über die Berliner Straße sowie den Fluss Parthe konnten jeweils die ersten Brückenhälften noch vor der Inbetriebnahme des City-Tunnels realisiert werden. Anstelle der alten 205 m breiten Brücke über die Berliner Straße entstand vorerst nur ein Neubau mit einer Breite von 28,47 m. Die historischen Geländer und Portale am Widerlager baute man nach einer gründlichen Sanierung wieder ein. Zudem versah man alle Widerlagerflächen mit einer Verblendung aus gelben Klinkersteinen. Im Zuge des Projektes City-Tunnel wurde nur der westliche Teil der Brücke neu errichtet. Der Neubau des 15,00 m breiten östlichen Teils ist für einen späteren Zeitpunkt geplant.

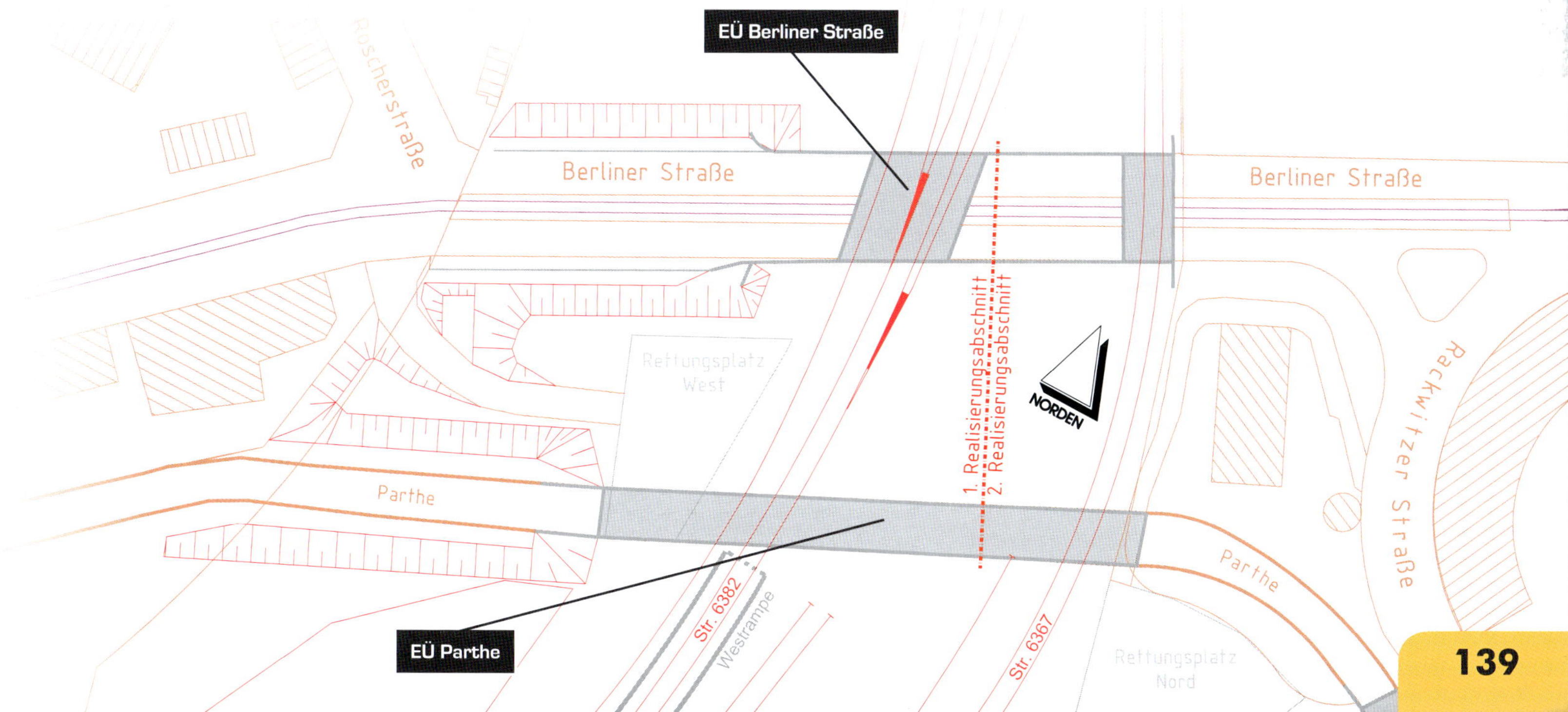

← Der westliche Teil der ca. 150 m breiten Eisenbahnüberführung über die Berliner Straße wurde im Sommer 2012 zurückgebaut. Die über 100 Jahre alte Brücke bestand aus einem dreifeldrigen Überbau und zwei darunter befindlichen Pendelstützenreihen. Diese Stützen lagerten auf Kugelköpfen, welche in Granitblockfundamenten verankert waren. Diese Fundamente sind auch heute noch zwischen der Straße und der Straßenbahntrasse vorhanden.

↑ Die einzelnen Brückenträger sind mit Hilfe eines Autokrans nacheinander herausgehoben worden. Der Straßenbahn- und Kraftfahrzeugverkehr lief in dieser Zeit mit einigen Sperrphasen weiter.

↗ Abschließend erfolgte der Abbruch der alten Widerlager, welche sich aus 3 200 m³ Mauerwerk zusammensetzten.

↗ Auch die parallel verlaufende Gewölbebrücke aus Klinkerziegeln über der Parthe wurde abgebrochen. Ein untergestelltes Gerüst bot dem Fluss Schutz, um diesen beim Abriss nicht zu verunreinigen.

→ Das Panoramabild zeigt den Blick auf das Baufeld im November 2012.

954
Litronic

LAMKEWITZ
☎ (0341) 9 83 00 03
VOLVO

- ← Die neue, lediglich rund 28,5 m breite Brücke entstand aus Stahlbeton neu. Im November 2012 wurden die ersten Pfeiler fertig gestellt und die Fundamente für die Widerlager betoniert.
- ↙ Die Qualitätskontrolle durch die Facharbeiter und den Polier fand unmittelbar nach dem Ausschalen statt. Die Pfeiler umhüllte man mit Vlies, um den Beton vor Kälte zu schützen.
- ↑ Nach dem Abbruch des Gewölbes über der Parthe wurden die zuvor eingebrachten Bohrpfähle für die neue Brücke freigelegt.
- ↓ Im Januar 2013 erfolgte die Errichtung des Traggerüstes, um die erste Überbauhälfte herstellen zu können.

CAT
Möller Essing

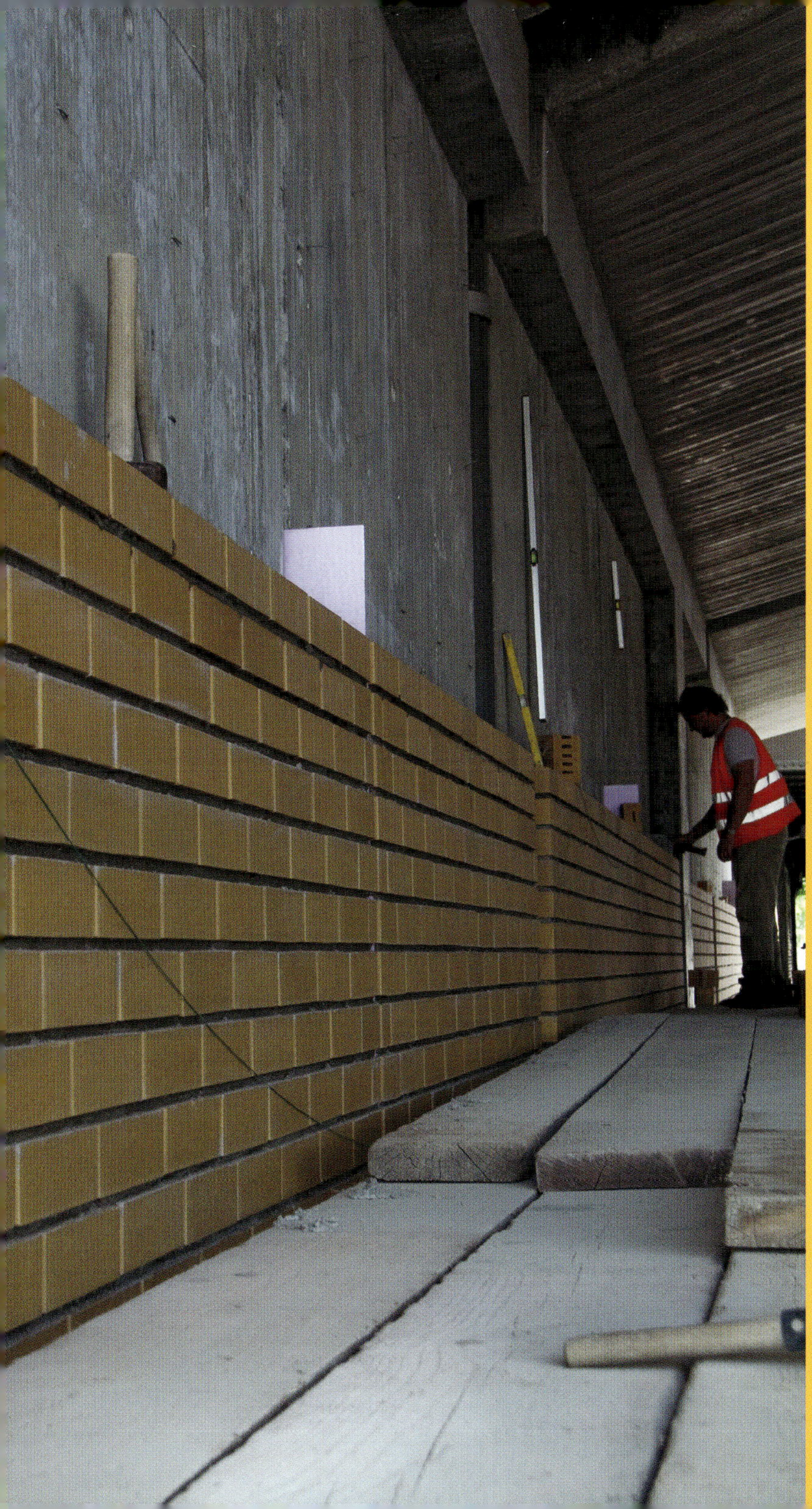

- Die insgesamt acht Blöcke der neuen Gewölbebrücke über der Parthe weisen eine Dicke von ca. 1 m auf. Die Herstellung fand im Wochentakt statt.
- Die Betonage der Brückenüberbauten über die Berliner Straße erfolgte in zwei Abschnitten.
- Aus Denkmalschutzgründen sind die Stützwände der Brücken mit gelben Klinkersteinen verblendet worden.
- Im Dezember 2013 war die Brücke fertig gestellt. Die alten Widerlager sind mit den ursprünglichen historischen Granitblöcken versehen worden. Im Bereich der Unterführung wurden 24 Strahlerleuchten eingebaut, um Fahrbahn und Gehwege zu erhellen. Die S-Bahnen, welche zwischen dem nahegelegenen City-Tunnel und dem Leipziger Westen verkehren, können nun diese Brücke überqueren.

Eisenbahnüberführung Rackwitzer Straße / Parthe

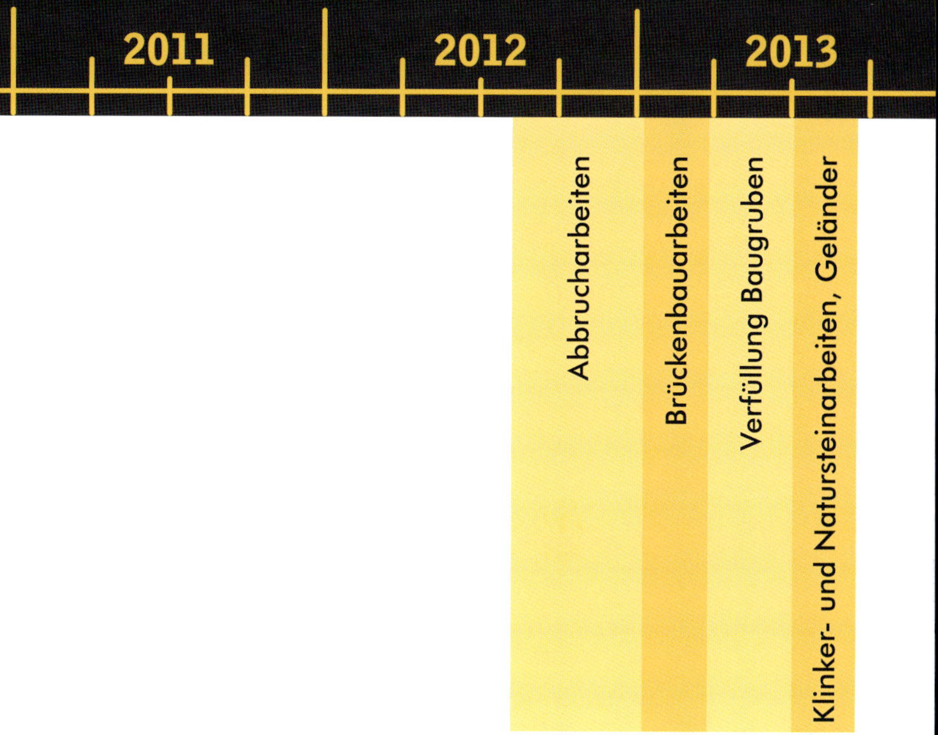

Auch an der Rackwitzer Straße sowie dem parallel verlaufenden Fluss Parthe erfolgte noch vor Inbetriebnahme des City-Tunnels der Neubau der Ersatzbrücken. Der Neubau der rund 61 m breiten Brücke über die Berliner Straße teilt sich in drei Bauabschnitte auf.

Die Leistung der Herstellung dieser neuen Überführung gehört dem Verkehrsprojekt Deutsche Einheit Nr. 8 an. Im Zuge des Projektes City-Tunnel Leipzig wurde vorab der westliche Teil der Brücke errichtet.

Die historischen Geländer und Portale am Widerlager wurden saniert und wieder eingebaut. Alle Widerlagerflächen sind mit gelben Klinkersteinen verblendet.

Eckdaten des ersten (westlichen) Abschnitts:
- Abbruch von 2 400 t Stahl und 3 200 m^3 Mauerwerk
- 2 600 m^3 Stahlbeton und 370 t Bewehrungstahl
- 400 m^2 Verblendmauerwerk
- 6 800 m^3 Erdbewegung

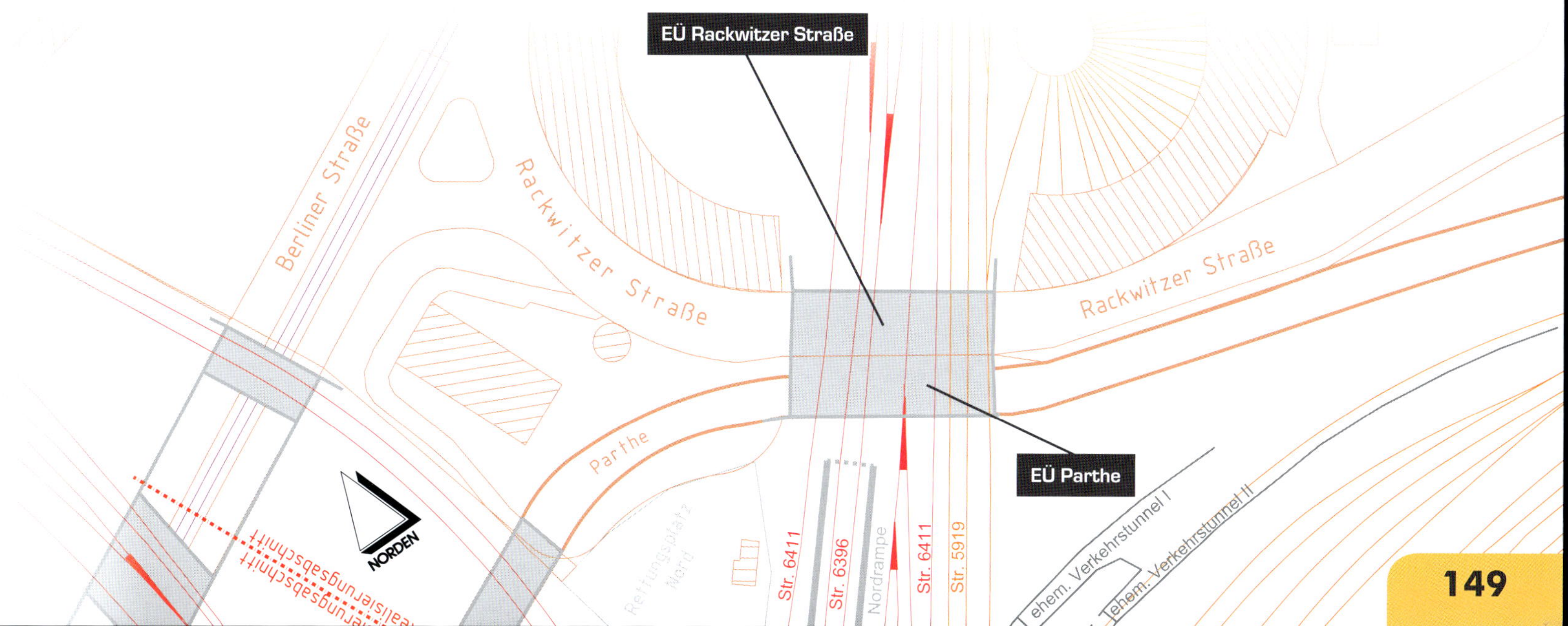

- ← Der Abbruch der alten Gewölbebrücke über der Parthe erfolgte erst Anfang Januar 2013.
- ↓ Rund einen Monat später ist auf dem Baufeld die fertig gestellte Gründung mit Bohrpfählen zu sehen. Mit Hilfe von großen Stahlrohren konnte die Parthe während der Bauarbeiten geschützt werden.
- → Die Montage der 19 m langen Fertigteile fand am 23. März 2013 mit Hilfe eines 400-t-Kranes bei einer Temperatur von -13 °C statt.

THÖMEN
THÖMEN
THÖMEN
THÖMEN

🠉 Fast wie vor 100 Jahren gab ein Traggerüst aus Holz die Bogenform für die neue Brücke über die Parthe vor. Aufgrund des baulichen Fortschritts findet heute Stahlbeton anstelle der Klinkersteine als Baumaterial Verwendung.

🠊 Im September 2013 wurden die bis dahin noch grauen Betonflächen der Brücke mit Klinkersteinen verkleidet. Zudem versah man die Kanten der Widerlagerflügel mit farbigen Betonsteinen, welche den historischen Natursteinen nachempfundenen sind. Das denkmalgeschützte Geländer der ehemaligen Brücke wurde saniert und auf einer Länge von ca. 20 m wieder am Überbau befestigt.

Der Ostteil wird beim Umbau des Knoten Leipzigs (Verkehrsprojekt Deutsche Einheit Nr. 8) in zwei weiteren Bauabschnitten bis 2015 neu errichtet.

VORHER

NACHHER

3 3a

CTL

ESTW Leipzig-Leutzsch / Plagwitz

Der Umbau der Bahnanlagen im Westen Leipzigs erstreckt sich von Leipzig-Leutzsch und Leipzig-Lindenau bis Leipzig-Plagwitz, wobei umfangreiche Spurplananpassungen erfolgten. Zudem verlegte man Gleise mit einer Gesamtlänge von 20 km sowie 45 Weichen neu. Im Bereich der Bahnhöfe wurden 32 km nicht mehr benötigte Gleisanlagen zurückgebaut und die Eisenbahninfrastruktur den Erfordernissen angepasst. Alle Anlagen werden nun über ein elektronisches Stellwerk (ESTW) gesteuert. Dazu wurden auch die Gleistrassen bis Großkorbetha technisch neu ausgestattet. Zudem sind umfangreiche Schallschutzmaßnahmen auf einer Länge von ca. 2,1 km realisiert worden, um die Lärmbelastung für die Anwohner zu reduzieren.

Station Leipzig-Leutzsch

Die neue Station wurde zur Georg-Schwarz-Straße hin verschoben. Dort entstanden jeweils an der Trasse nach Plagwitz (Strecke 6383) und an der Trasse nach Markranstädt (Strecke 6367) neue Haltepunkte, die von den Brücken in der Georg-Schwarz-Straße erreichbar sind. Zudem erhielt die Strecke von Markranstädt ein Überholgleis für Güterzüge.

Mit diesen neuen Stationen und der späteren Neugestaltung des Mittleren Rings durch den Neubau der beiden Brücken der Georg-Schwarz-Straße entwickelt sich dieser Bereich zu einem wichtigen Verkehrsknoten in Leutzsch. Dort treffen sich später an einem konzentrierten Punkt S-Bahnen, Regionalzüge, Straßenbahnen sowie Busse, damit Fahrgäste hier bequem und barrierefrei umsteigen können.

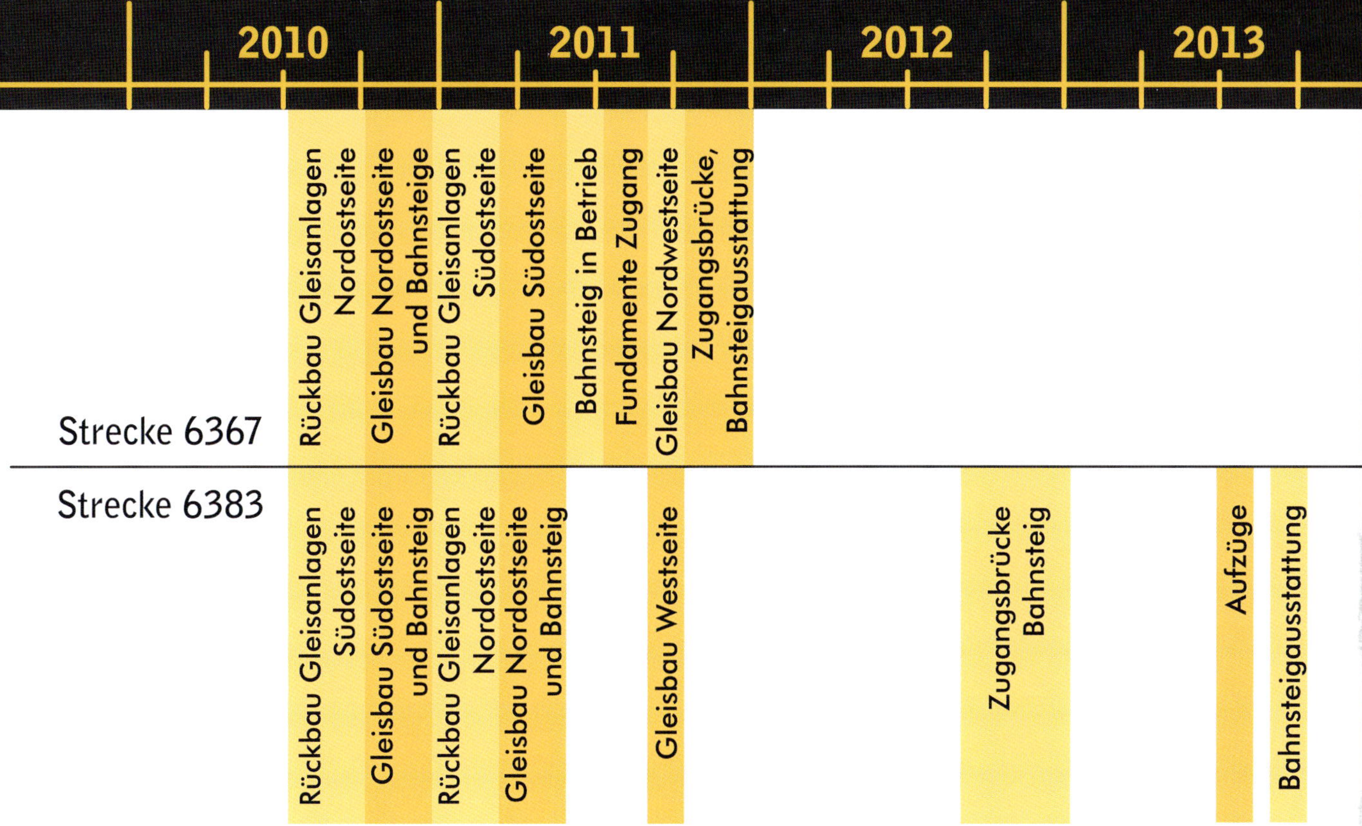

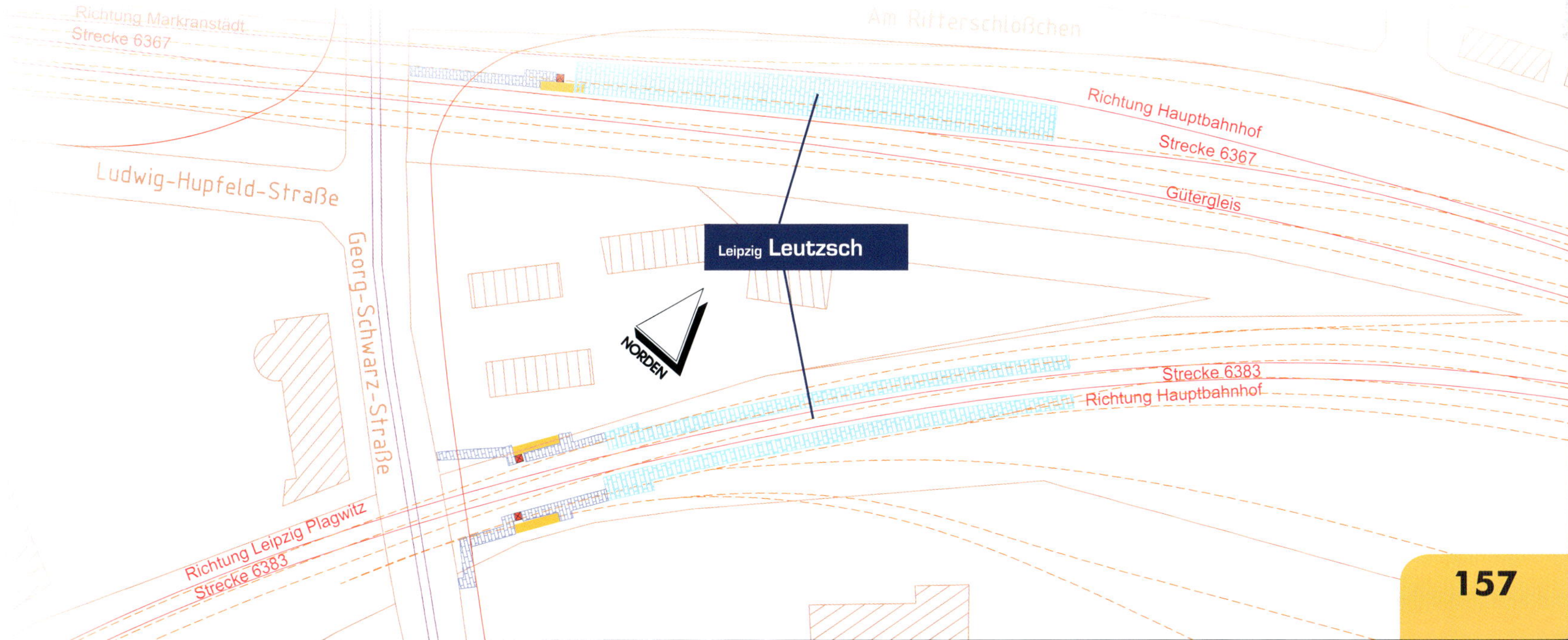

Jaeger

- Im Januar 2011 begann der Rückbau der Gleisanlagen am alten Bahnhof Leutzsch. Der vorhandene Fußgängertunnel, welcher zu den Bahnsteigen führte, wurde abgebrochen und verfüllt.
- Beim Abbruch der zum Teil über 100 Jahre alten Eisenbahntechnik erfolgte auch der Rückbau der alten Wasserkrane.
- Die Baustelle befand sich zwischen dem Streckengleis nach Plagwitz und der Trasse nach Markranstädt, welche zu dieser Zeit abwechselnd eingleisig in Betrieb waren.
- Im Oktober 2011 waren die ersten Fundamente für den neuen Bahnsteig an der Strecke nach Markranstädt fertig gestellt.

↖ Die hydraulische Schwellenzange ermöglichte einen zügigen Gleisbau.

← Nach rund vier Monaten war im Bahnhof Leutzsch der mittlere Bereich der neuen Gleisanlage fertig gestellt, so dass die nächste Bauphase beginnen konnte.

↑ Im November 2011 wurden mit Hilfe eines Eisenbahnkranes die Fertigteile des Bahnsteiges auf die Fundamente versetzt.

→ Ein rund 30 m langer, aufgeständerter Zugangsweg ermöglicht nun die direkte Anbindung an die Georg-Schwarz-Brücke. Mit dem Ausbau des Mittleren Rings wird die Brücke in diesem Bereich verbreitert, so dass später der aufgeständerte Zugang wieder entfallen kann.

← Die Bahnsteige 1 und 2 im westlichen Bereich konnten bereits im Dezember 2011 für die Strecke zwischen Leipzig und Weißenfels (RB 125) in Betrieb genommen werden.

↓ Im östlichen Bereich befinden sich die Bahnsteige 3 und 4. Auch hier wurde der Zugang aufgeständert ausgeführt, damit später ein einfacher direkter Anschluss an die verbreiterte Georg-Schwarz-Brücke erfolgen kann.

→ Diese beiden Bilder zeigen den Blick von der nördlichen Georg-Schwarz-Brücke an der Strecke Leipzig – Markranstädt in östlicher Richtung vor und nach den Baumaßnahmen. Neben den beiden Hauptgleisen verlegte man auch ein Überholgleis für Güterzüge.

↘ Die beiden Bilder zeigen im Vergleich den Blick von der südlichen Georg-Schwarz-Brücke an der Strecke Leipzig – Plagwitz in nordöstlicher Richtung vor und nach dem Umbau der Bahnanlagen.

VORHER

NACHHER

VORHER

NACHHER

Lindenau

Station Leipzig-Lindenau

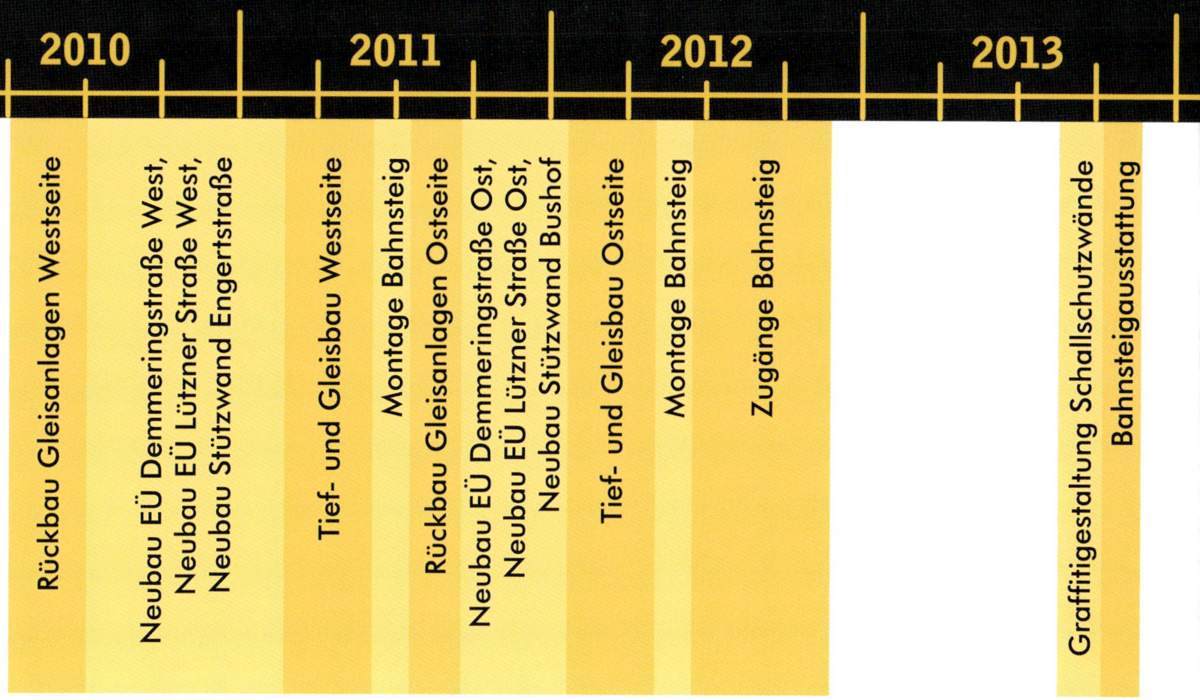

Die neue Station Leipzig-Lindenau wurde an gleicher Stelle mit zwei Seitenbahnsteigen mit je zwei Zugängen neu errichtet. Durch mehrere Rampen ist der Zugang zur Lützner Straße barrierefrei. Die Brückenbauwerke über die Lützner Straße und Demmeringstraße wurden als Stahlbetonbauwerke ausgeführt. Weiterhin entstand jeweils eine Stützwand im Bereich der Engertstraße und eine im Bereich des Bushofes Lindenau.

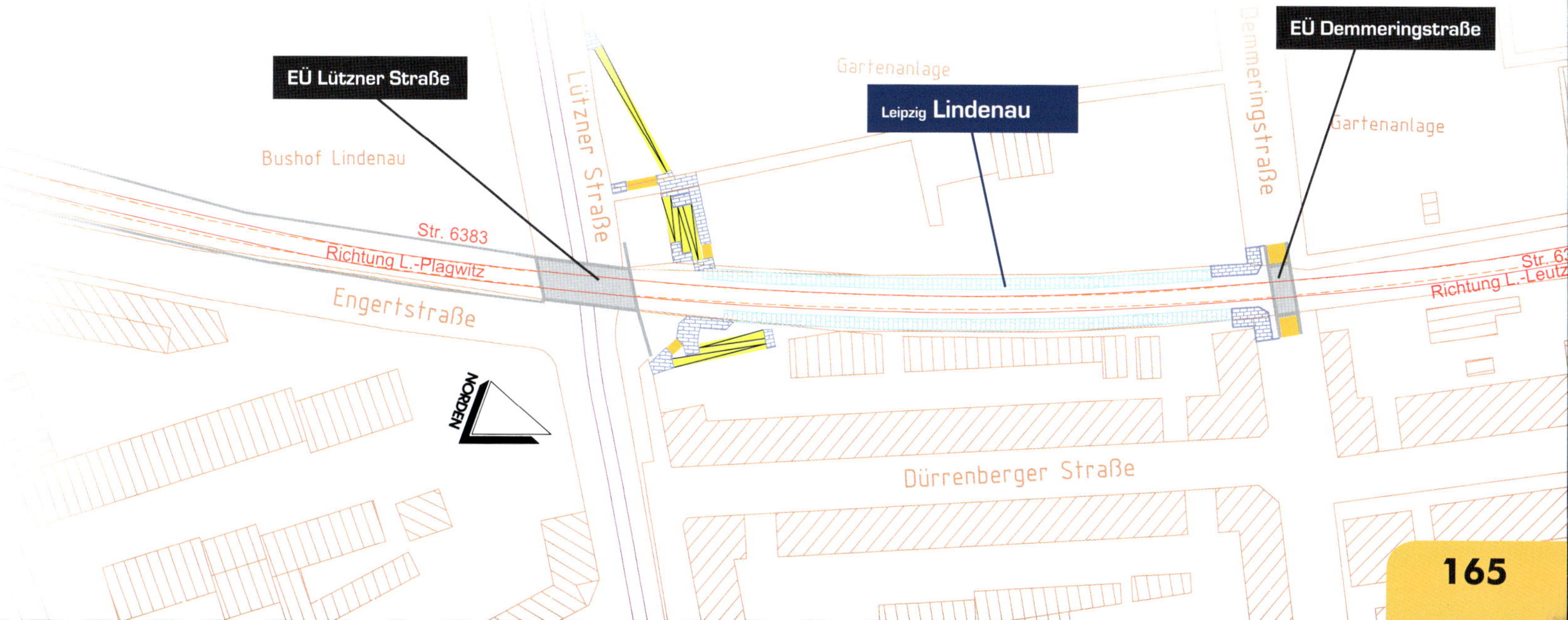

- ⬅ Im Juli 2011 baute man die alten östlichen Bahnsteige aus dem Jahr 1969 zurück. Zudem verschwanden die temporären Hilfsbrücken über der Fußgängerunterführung Demmeringstraße.
- ⬉ Ein Anheben der neuen Gleistrasse um ca. 60 cm war notwendig, um die Durchfahrtshöhen an den Eisenbahnüberführungen zu vergrößern.
- ⬋ Das östliche Gleis war im September 2011 wieder in Betrieb und so konnte der Umbau des Gleises der Gegenrichtung beginnen.
- ⬆ Die insgesamt zehn jeweils 11 t schweren Betonfertigteile der Eisenbahnüberführung über die Lützner Straße wurden in Sperrphasen mit Hilfe eines Autokranes montiert.
- ➡ Die Betonage der westlichen Brückenseite erfolgte eine Woche später.

➜ Die Montage der 22 Fertigteilbahnsteigelemente erfolgte bei laufendem Betrieb mittels Eisenbahnkran vom Bushof Lindenau aus.

- Die Schallschutzwände wurden im Bereich der Engertstraße mit Graffiti gestaltet.
- Die neue Fußgängerunterführung in der Demmeringstraße erhielt Ihr historisches Gesicht zurück.

Station Leipzig-Plagwitz

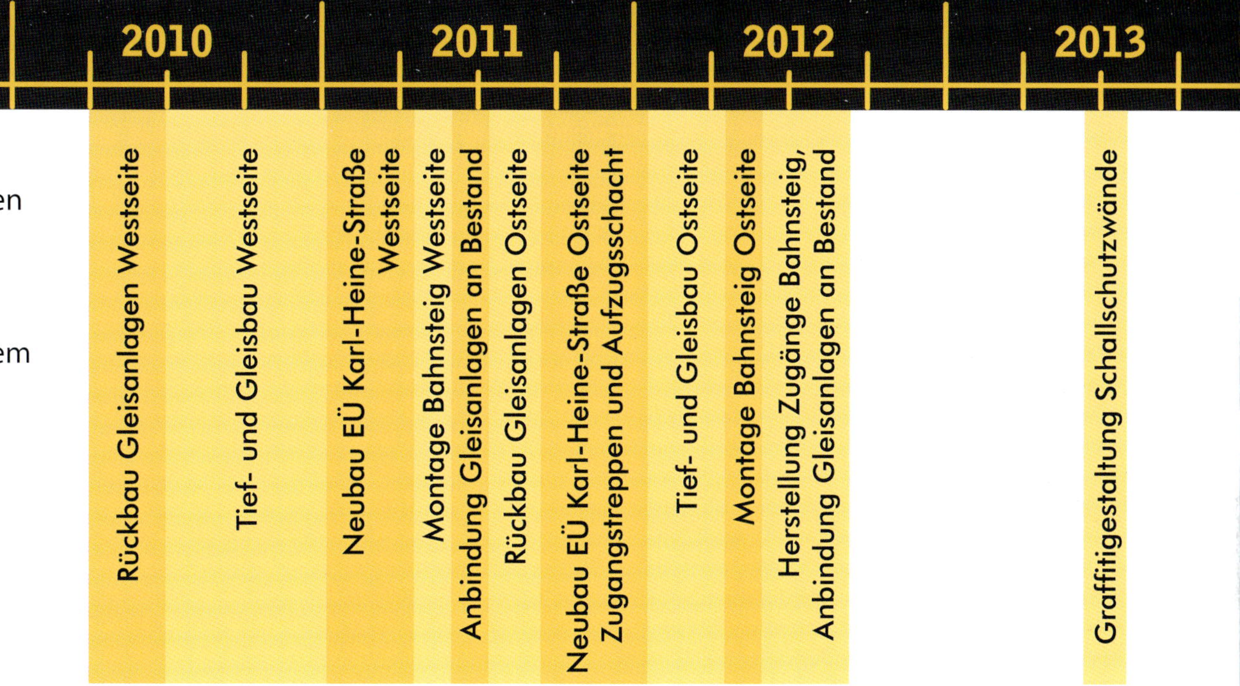

Die neue Station Leipzig-Plagwitz wurde nach Norden an die Karl-Heine-Straße verschoben und mit barrierefreien Zugängen ausgestattet. Dabei entstand eine neue Brücke über die Karl-Heine-Straße. Die Station kann später bei Bedarf in westlicher Richtung um ein weiteres Gleis und somit einen Bahnsteig erweitert werden. Dazu wurde in diesem Bereich unter anderem die Schallschutzwand schon an die späteren Gegebenheiten angepasst.

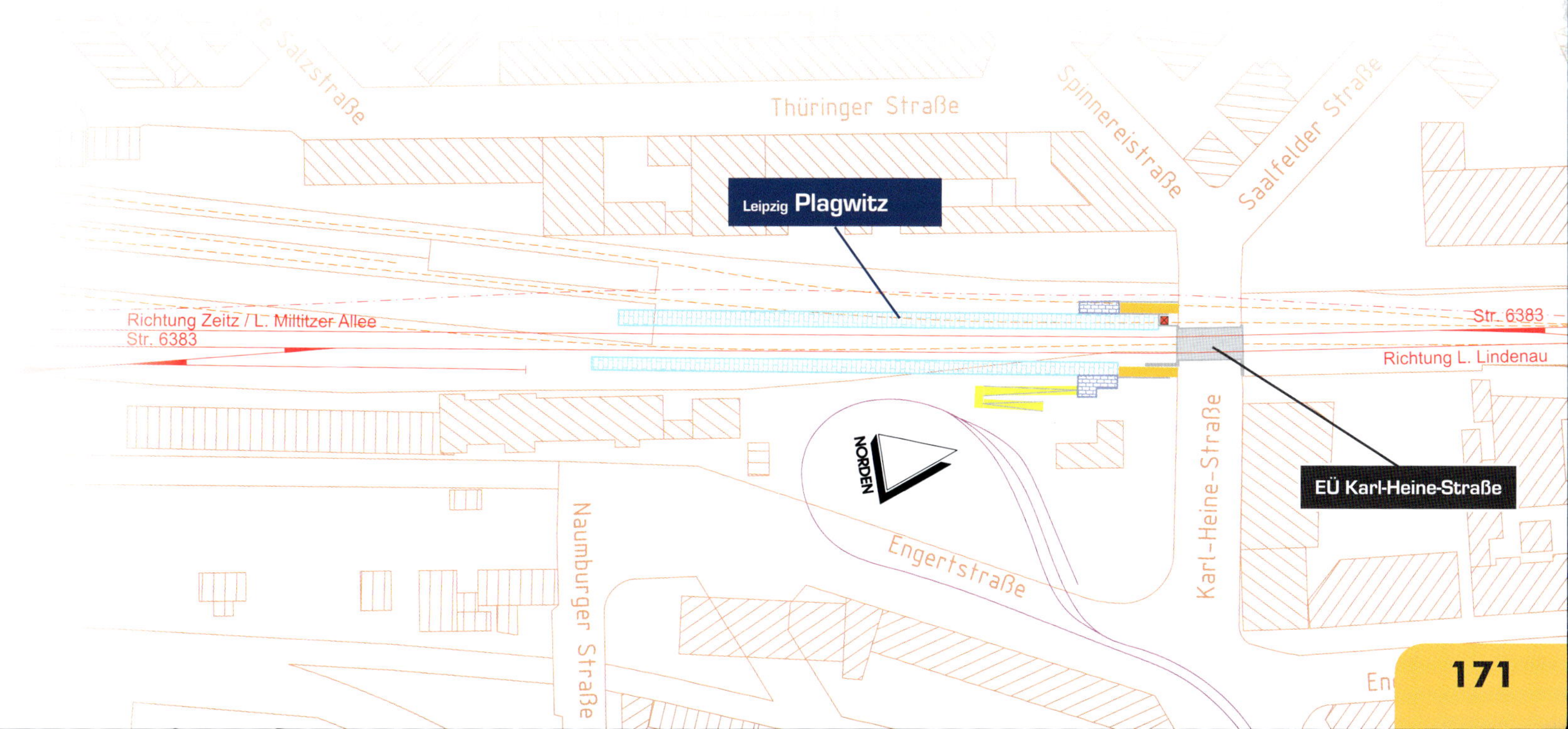

← Im Juni 2010 begannen die Erdarbeiten für die neue Trassenführung im Bahnhof Plagwitz.

↗ Ein Jahr später, im Juni 2011, erfolgte der Abbruch der alten Fußgängerunterführung und der Bahnverkehr konnte auf die neue Gleistrasse umgeschwenkt werden.

→ Der neue Bahnsteig entstand um das alte Stellwerk W1 herum, denn dieses war noch bis zur Inbetriebnahme der ESTW-Technik in Betrieb.

↘ Auch die alten Brückenüberbauten wurden demontiert und durch moderne Stahlverbundbrücken ersetzt.

W1

Insgesamt neun Stahlträger wurden im Februar 2011 an der neuen Überführung der Karl-Heine-Straße eingehoben.

↖ Im Güterbahnhof Plagwitz erfolgte eine völlig neue Einbindung der Strecke von Leipzig Grünau. Der Gleisbogen wurde durch den von 200 m auf 264 m vergrößerten Radius deutlich entschärft.

↙ Der neue Gleisbogen überquert dabei die alten Streckengleise, welche nach Zeitz führten, aber nun stillgelegt sind.

↑ Die Einbindung der Strecke 6383 aus Zeitz konnte während einer Sperrphase realisiert werden. Die neuen Gleise führen nun auf direktem Wege durch den alten Güterbahnhof (mittig im Bild) und nicht mehr westlich an ihm vorbei (links im Bild).

→ Die neue Trasse wurde zudem mit zwei Güterzugüberholgleisen ausgestattet.

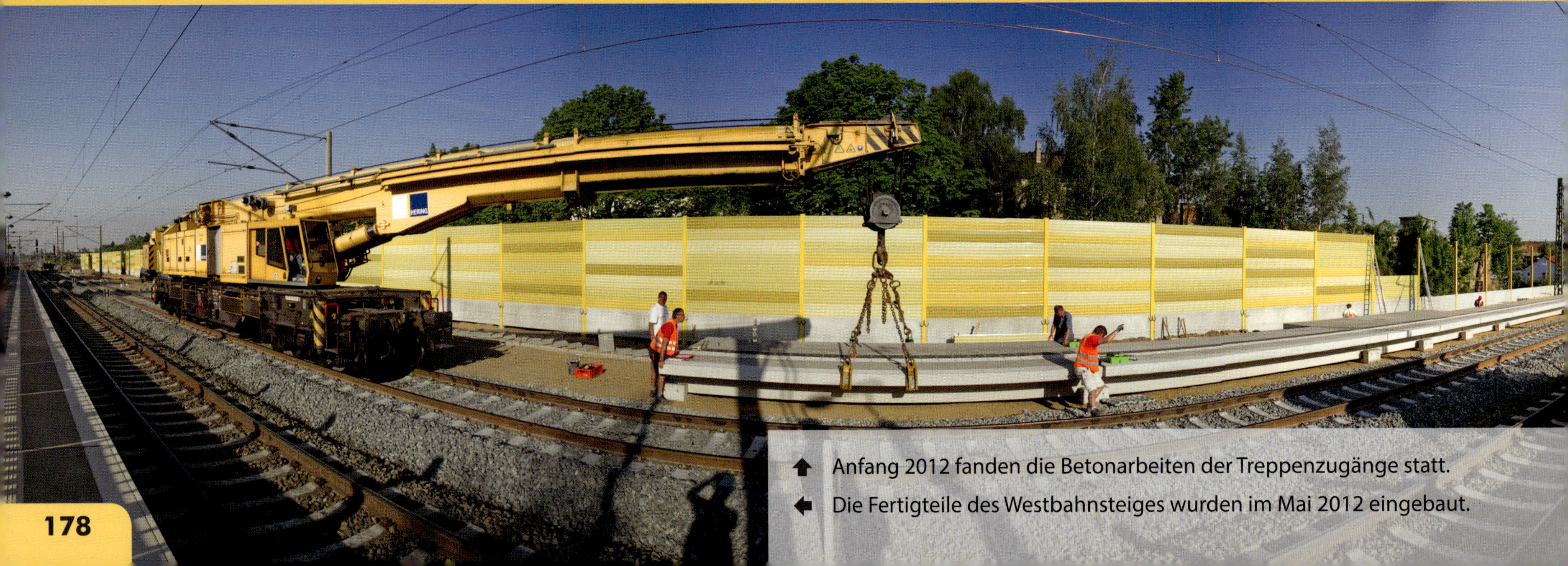

↑ Anfang 2012 fanden die Betonarbeiten der Treppenzugänge statt.

← Die Fertigteile des Westbahnsteiges wurden im Mai 2012 eingebaut.

- ⬆ Am Haltepunkt Leipzig-Plagwitz herrscht nun wieder S-Bahn-Betrieb.
- ⬇ Auf den Bildern sieht man den Bahnsteig und die Gleisanlagen vor und nach dem Umbau der Station.

CTL Netzergänzende Maßnahmen Engelsdorf – Gaschwitz

Die Baumaßnahmen umfassen den Neubau von sieben Verkehrsstationen von Markkleeberg-Großstädteln bis Leipzig-Anger-Crottendorf sowie einem Interimsbahnsteig im Bahnhof Gaschwitz. In diesem gesamten Abschnitt wurden fünf neue Brücken gebaut sowie umfangreiche Schallschutzmaßnahmen auf einer Länge von über 9 685 m realisiert. Insgesamt sind 25 km neue Gleise verlegt und 30 km neue Oberleitungsanlagen errichtet worden. Um den Fahrgästen während der etwa einjährigen Sperrung den Eisenbahnverkehr weiterhin zu ermöglichen, lief dieser über den zum Teil eingleisigen Abschnitt Gaschwitz – Plagwitz (Waldbahn) weiter.

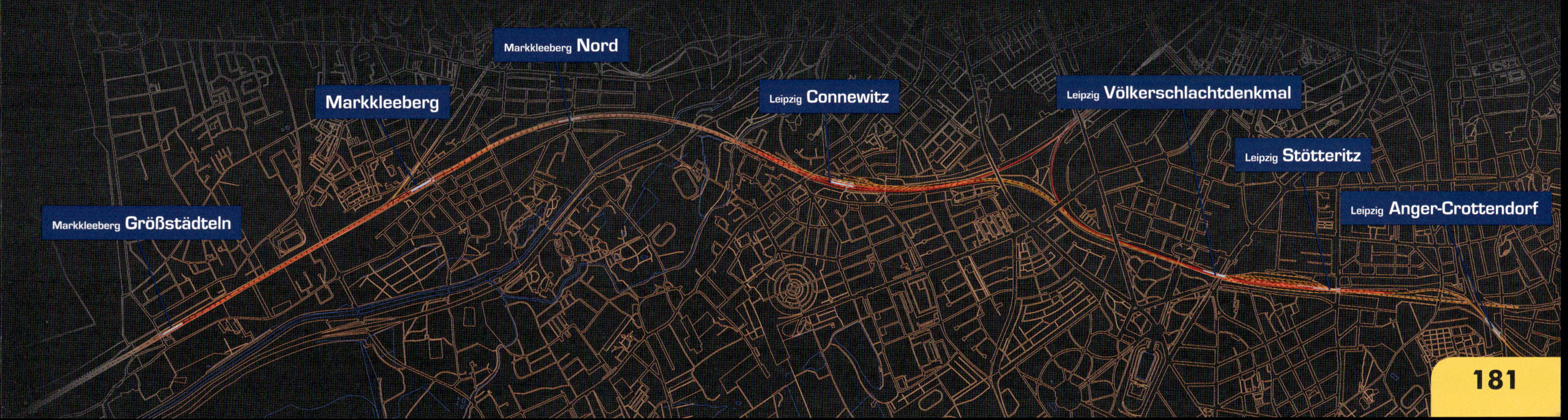

Station Leipzig-Anger-Crottendorf

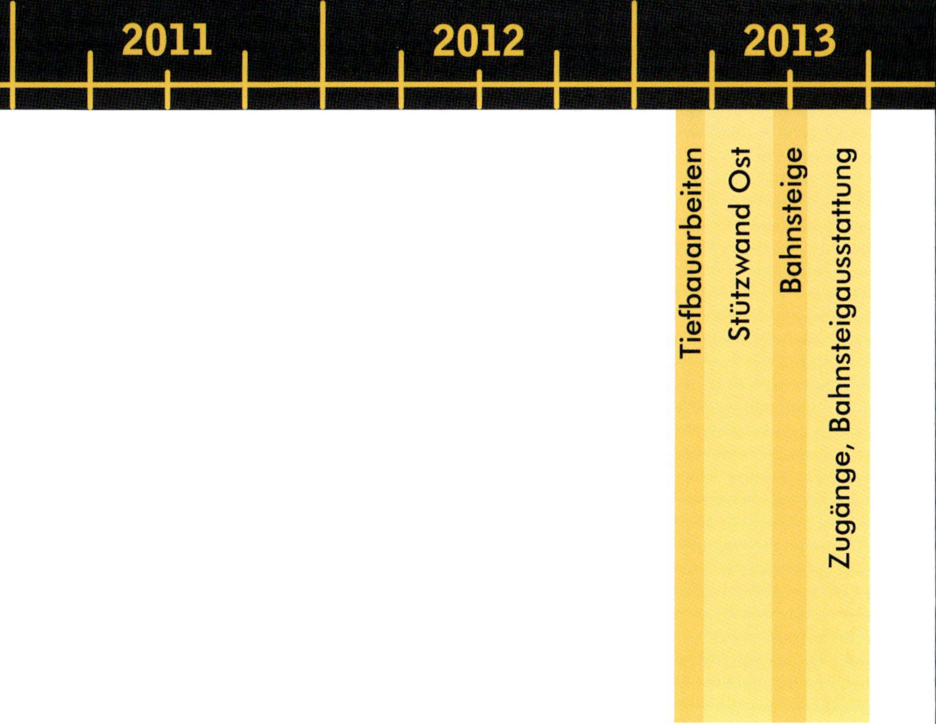

Die Station Leipzig-Anger-Crottendorf wurde an der Strecke 6375 neu errichtet. Sie befindet sich südlich der Zweinaundorfer Straße und erhielt zwei 140 m lange Seitenbahnsteige. Der ehemalige Bahnsteig befand sich an der alten Strecke 6361 zwischen Leipzig-Stötteritz und dem Leipziger Hauptbahnhof und wurde außer Betrieb genommen.

Der neue Haltepunkt steht auf historischem Bahngelände. Der nördliche Bahnsteig befindet sich an der Stelle, wo die ehemalige Gleistrasse noch bis in das Jahr 1942 von Personenzügen befahren wurde und in Richtung des Eilenburger Bahnhofes führte.

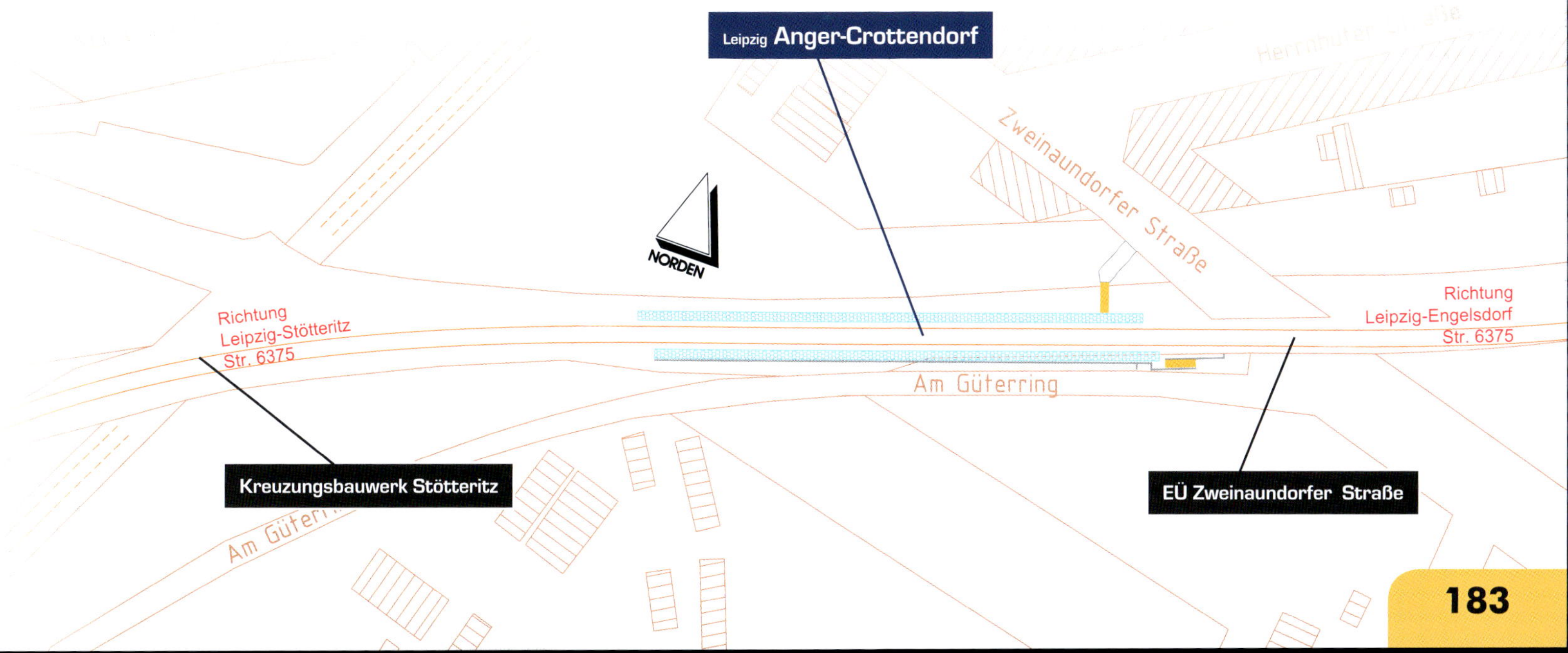

Information

VORHER

NACHHER

- Die Bahnsteige wurden in Fertigteilelementen angeliefert und durch einen Bagger millimetergenau versetzt.
- Der Haltepunkt ist vorerst nur mit Treppen ausgestattet.
- Das Kreuzungsbauwerk Stötteritz wurde im Juni 2013 zurückgebaut, da die obere Strecke von Stötteritz in Richtung des Leipziger Hauptbahnhofes seit dem 24. November 2012 stillgelegt ist.
- Das Bild zeigt den Blick auf die alten Widerlager des Kreuzungsbauwerkes. Auch dieses Bauwerk sollte ursprünglich vier Überbauten für Nah- und Fernverkehr erhalten, wovon damals nur zwei realisiert wurden. Dies sieht man deutlich an den Erweiterungen der Widerlager.

Station Leipzig-Stötteritz

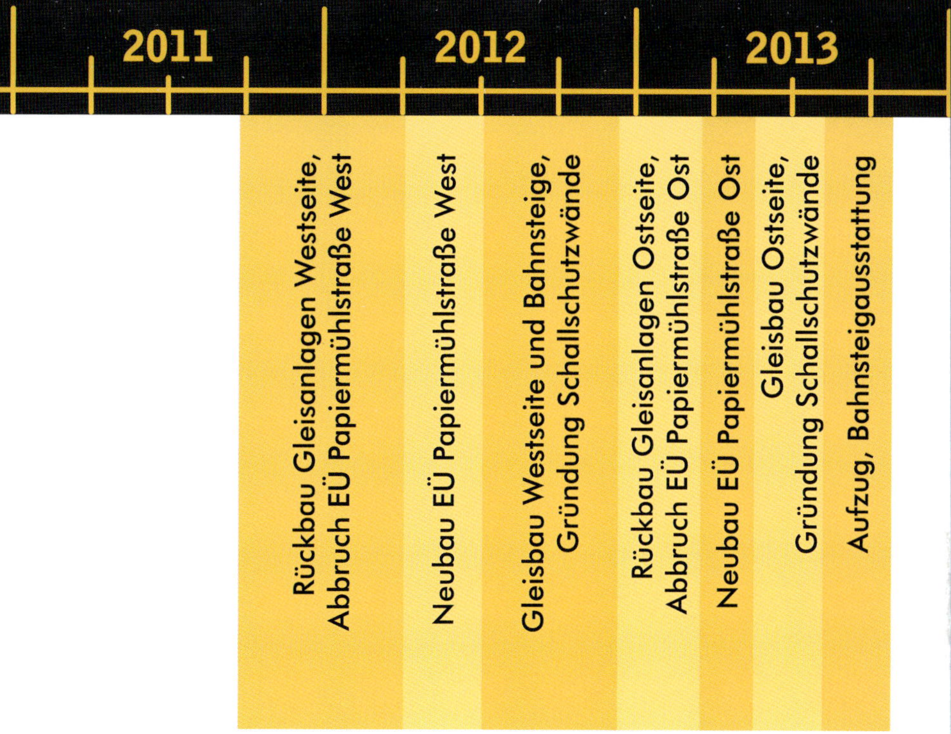

Die barrierefreie Station an der Strecke 6375 entstand, leicht nach Westen verschoben, neu. Sie wurde mit einem Inselbahnsteig, zwei äußeren Durchgangsgleisen und einem inneren Wendegleis ausgestattet.

Für den Neubau der Brückenbauwerke wurde ein Gestaltungskonzept ausgelobt. Dabei ging die besondere Form der Widerlager mit einer leichten Neigung der Wände hervor. Die Strukturierung erfolgt durch horizontale Fugen. Drei Brückenüberbauten aus Stahlbeton mit einer Stahlverbundkonstruktion ersetzen die ursprünglichen fünf Brückenbauwerke aus Stahl.

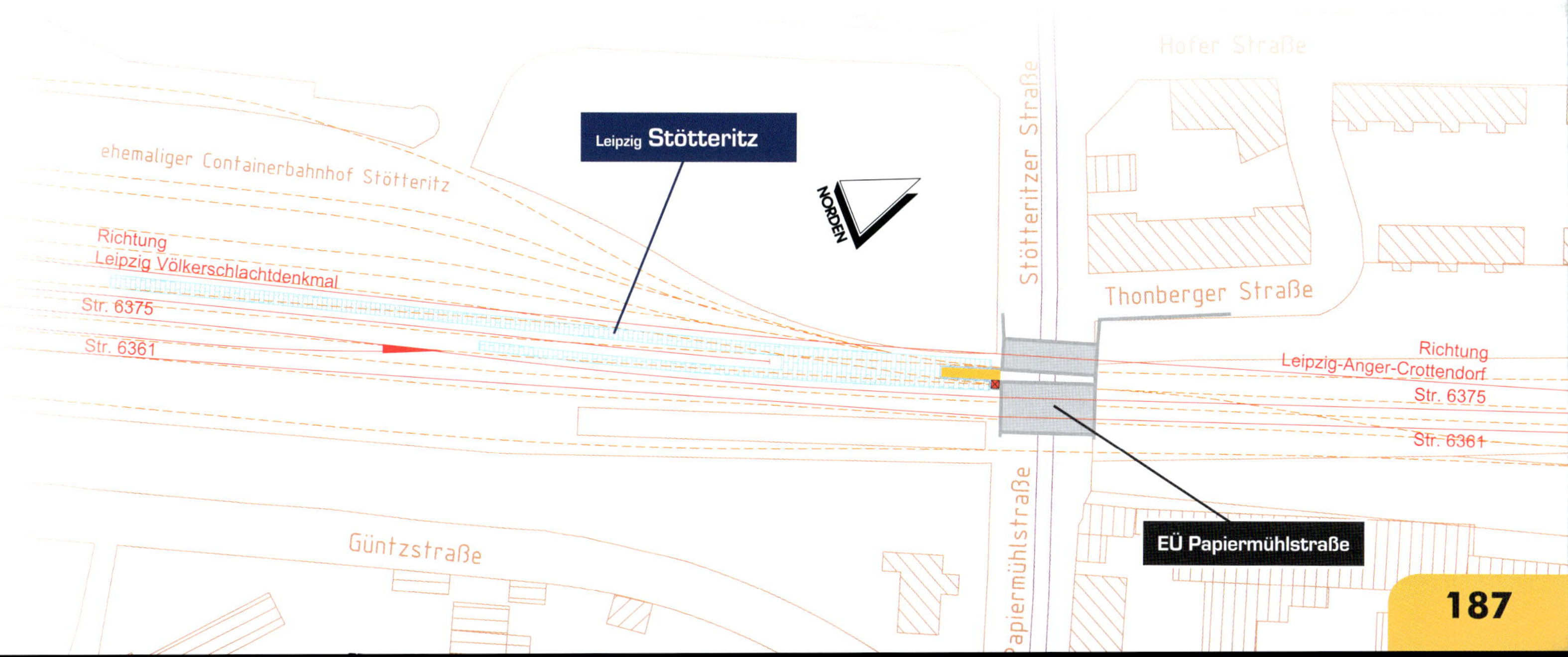

3,7m
MAXIMUM
Kran- und Schwerlastlogistik
01805 - 43 97 00
3,7m

- ⬅ Im Winter 2011 begann der Rückbau der westlichen Gleistrasse. In einer Novembernacht wurden drei von fünf Eisenbahnüberbauten ausgehoben, die ca. 120 Jahre alt waren.
- ⬆ Ein knappes halbes Jahr später sind bereits die Fundamente der neuen Widerlager zu sehen.
- ➡ Die Schaltafeln der Widerlager sind leicht geneigt angeordnet und mit Trapezleisten versehen (Detail-Bild).
- ⬊ Sehr schön konnte man im Dezember 2012 den alten Aufgang zum Bahnsteig und den Verbindungstunnel zum früher geplanten Fernbahnsteig erkennen.

← Beide Stellwerke sowie ca. 5 km Gleisanlagen wurden Anfang 2012 zurückgebaut.

→ Ende 2011 begann der Rückbau des Gleisanschlusses zur Alten Messe.

↗ Eine Gleisstopfmaschine mit Schotterpflug kam bei der Herstellung der neuen Gleisanlagen im Oktober 2012 zum Einsatz.

↘ Im Mai 2013 erfolgte die Pflasterung des Bahnsteiges. Auch das Güterzuggleis war hier schon fertig gestellt.

← Die Mitarbeiter der Firma Thömen waren sichtlich stolz, als nach ca. zwölf Stunden Montagezeit ihr 400-t-Raupenkran den etwa 65 m langen Ausleger nach oben zog.

↑ Das 120-t-Gegengewicht musste zusätzlich ballastiert werden, um den Brückenüberbau über die schon vorhandene Brücke heben zu können.

↓ Millimetergenau wurde die Brücke auf die Widerlager abgesenkt.

THÖMEN
THÖMEN
www.thoemen.de
THÖMEN

- Den dritten Stahlverbundüberbau-Einhub führte ein werksneuer 750-t-Kran aus.
- Im Bereich der Eisenbahnüberführung sorgen transparente Schallschutzwände für eine geringstmögliche Störung des Brückenbildes.
- Auf dem Gelände des ehemaligen Güterbahnhofes Stötteritz wurden besonders intensive Schallschutzmaßnahmen realisiert, indem auch zwischen den Gleisen bis zu 6 m hohe Wände errichtet werden mussten.
- Die unzähligen Aluminiumelemente fanden ihren Platz zwischen den Stahlträgern der Wände.

- Im Juni 2013 wurden die neuen Treppenstufen verlegt und der Aufzug montiert.
- Die Eisenbahnbrücke mit ihren drei Überbauten ist im Gegensatz zu ihren Vorgängern stützenfrei, um mehr Raum für die künftige Haltestelle der Straßenbahn zu gewinnen.
- Auf den beiden Bildern, die vom gleichen Punkt aus entstanden sind, sieht man die veränderte Lage des Bahnsteiges sehr deutlich.

VORHER

NACHHER

3
1
Leipzig Messe
60
1442 612

Station Leipzig Völkerschlachtdenkmal

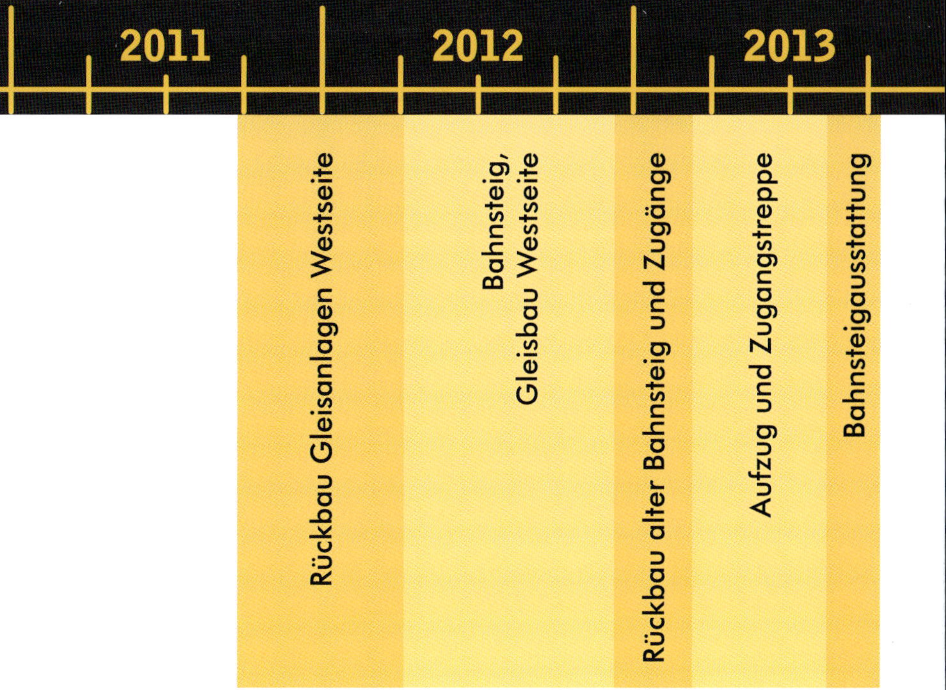

Die neue Station liegt nun nördlicher, da sie direkt unter der Prager Straße entstand, um eine bessere Umsteigemöglichkeit zu den Straßenbahnen und Bussen zu ermöglichen. Sie ist mit einem 140 m langem Inselbahnsteig sowie einem barrierefreien Zugang ausgestattet.

Der alte ca. 300 m lange Bahnsteig wurde am 3. März 1968 zur Frühjahrsmesse in Betrieb genommen und war zu Messezeiten ein stark frequentierter Haltepunkt im Leipziger S-Bahn-Netz. Die Kante des damaligen Bahnsteiges ist noch heute zu sehen.

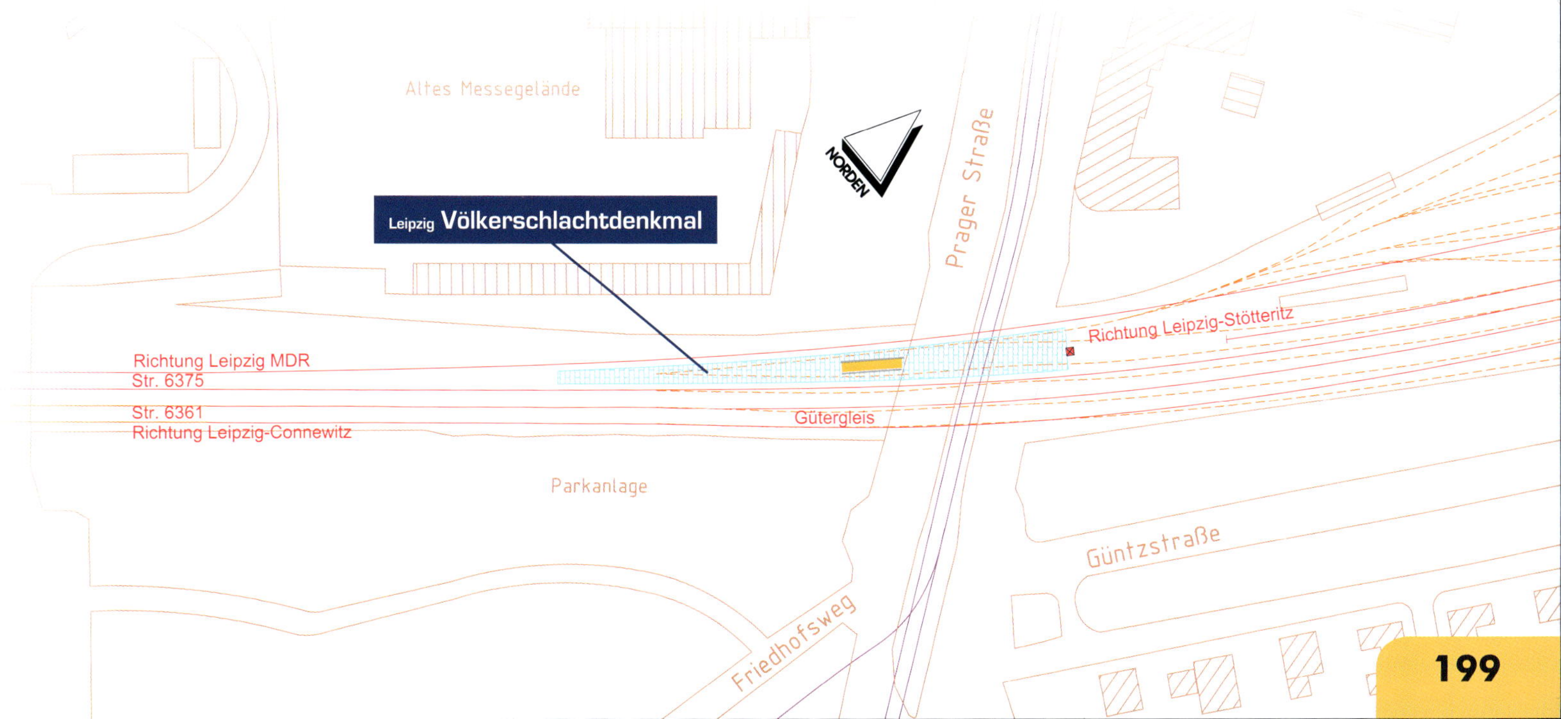

- Im April 2012 waren die alten Gleise zurückgebaut, um für die Herstellung des neuen Haltepunktes Baufreiheit zu erhalten.
- Der Bahnsteig führt unter der Brücke hindurch, um an diese nördlich mit einen Aufzug und südlich mit einer Treppenanlage anschließen zu können.
- Die neuen Zugänge wurden erst im August 2013 montiert und verbinden elegant den Brückenbereich mit dem neuen Haltepunkt.

VORHER

NACHHER

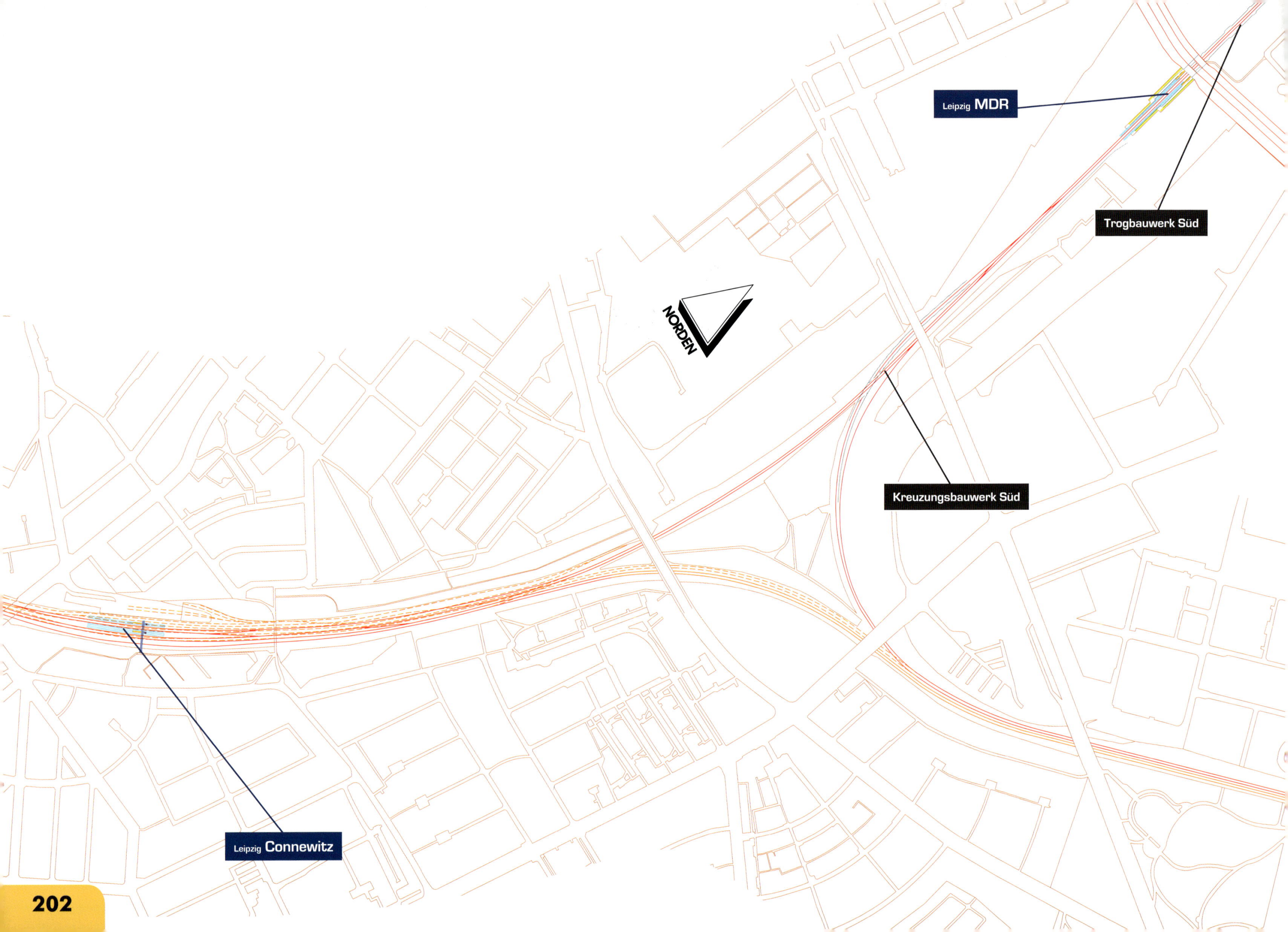
Leipzig MDR
Trogbauwerk Süd
NORDEN
Kreuzungsbauwerk Süd
Leipzig Connewitz

Südanbindung

Die Südanbindung des Tunnels erfolgt aus Richtung Connewitz sowie Stötteritz. In der Rohbauphase des City-Tunnels wurde das Trogbauwerk Süd sowie die Station Leipzig MDR und das Kreuzungsbauwerk Süd hergestellt.

Durch einen Einschnitt südlich der neuen Station Leipzig MDR wird der Anschluss an das Kreuzungsbauwerk Süd gebildet. Das Ein- und Ausfahren am Tunnel kann somit kreuzungsfrei erfolgen.

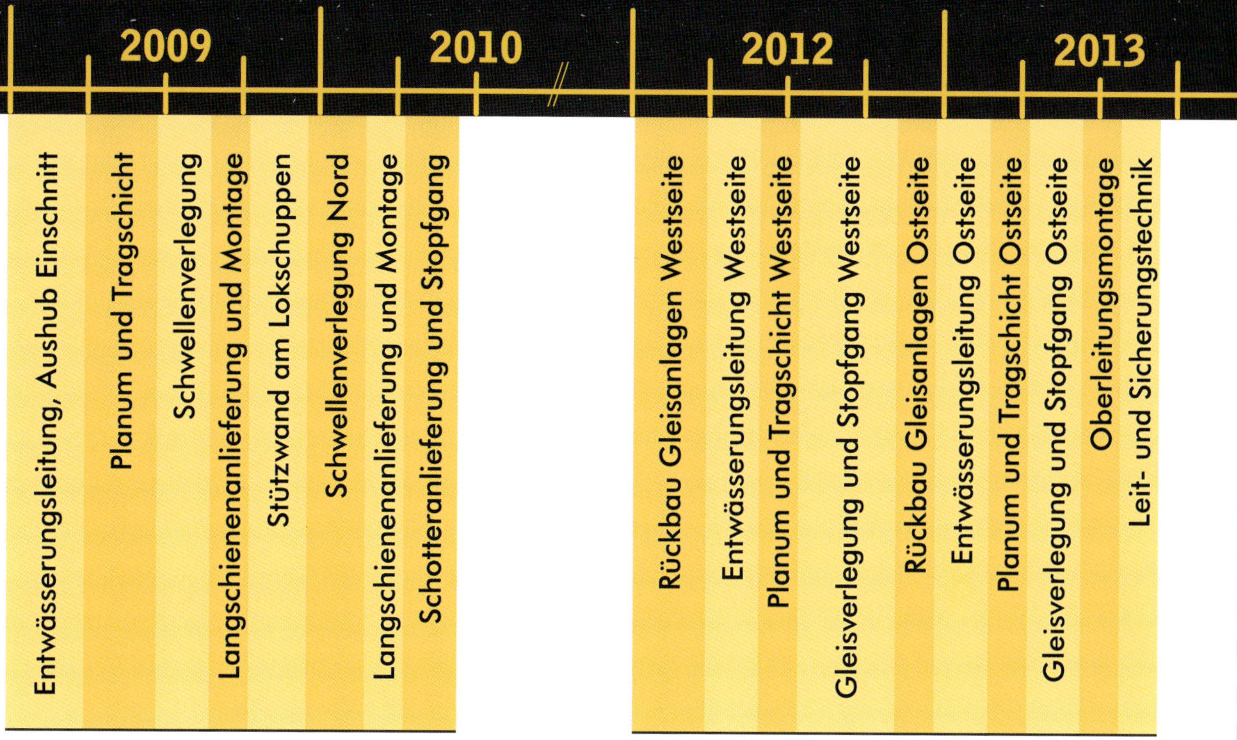

Bereich Station Leipzig MDR bis Ende Kreuzungsbauwerk

Bereich Ende Kreuzungsbauwerk bis Station Leipzig Völkerschlachtdenkmal / Leipzig-Connewitz

STRABAG
CAT

CAT

⬉ Umfangreiche Erdarbeiten im ehemaligen Güterbahnhof Bayerischer Bahnhof waren nötig, um die Gleistrasse in den Einschnitt vor dem Südportal abzusenken.

⬅ Nachdem die Tiefbauarbeiten beendet waren, begann der Aufbau der neuen Gleisanlage, die in einigen Bereichen völlig neu trassiert wurde.

⬆ Am Kreuzungsbauwerk Süd unterqueren die Züge aus dem City-Tunnel die Strecke aus Connewitz. Mit 39,9‰ ist der Anstieg der Trasse in Richtung Stötteritz ebenso stark wie bei den Ausfahrtsrampen im Norden und Westen.

➡ Die Erdtransporte erfolgten mit einer Dumperflotte, die von den Bahnhöfen Stötteritz und Connewitz das benötigte Baumaterial anlieferte. Außerdem wurde auf diese Art der Schotter und Unterbau der alten Gleisanlagen abtransportiert.

- ← Die Schwellenverlegung im Kreuzungsbauwerk fand im Juli 2009 statt.
- ↓ Im Herbst desselben Jahres fuhr nach acht Jahren wieder der erste Zug auf dem Bahngelände des Bayerischen Bahnhofes, um 30 Schienen anzuliefern. Diese jeweils 60 m langen Schienen wurden auf dem Baugleis abgezogen und später auf den neuen Gleistrassen montiert.
- → Der Anschluss der neuen Gleistrassen aus dem City-Tunnel an den Bauabschnitt der Netzergänzenden Maßnahmen, welche erst zwei Jahre später realisiert wurden, erfolgte im Jahr 2010. Zu sehen ist die Bauabschnittsgrenze der Strecke nach Connewitz. Am Gleisübergang (siehe Detail-Bild) sieht man sehr gut die unterschiedlichen Schienenprofile.
- ↖ Das Bild zeigt den Abzweig nach Connewitz (links) und zum City-Tunnel (rechts) unterhalb der Zwickauer Straße. In Richtung Connewitz verlaufen nun nur noch zwei Gleise anstatt der ursprünglichen vier Gleisanlagen.
- ↘ Im Jahr 2012 wurde schließlich an der Bauabschnittsgrenze das fertige City-Tunnel-Gleis aus Richtung Connewitz angebunden.

DETAIL

↖ Auch im 21. Jahrhundert ist noch viel Manneskraft beim Gleisbau notwendig. So wurden die angelieferten Langschienen zwar mit Baggern grob positioniert, die endgültige Montage und das exakte Ausrichten der Schwellen erfolgte jedoch noch händisch mit der Brechstange und einer Schraubmaschine.

← Das Verlegen der Gleise sowie die Montage der Oberleitung nördlich der Arthur-Hoffmann-Straße fand im Juni 2010 statt.

↑ Noch einen Monat zuvor fehlten südlich der Arthur-Hoffmann-Straße einige Gleisabschnitte.

→ Die Weiche 193 ermöglicht einen sich abwechselnden Zugbetrieb in die Richtungen Stötteritz und Connewitz.

🡅 Die Schotterplaniermaschine sorgt für ein gleichmäßiges Schotterbett, um ein optimales Stopfen des Gleises zu ermöglichen.

🡆 Auch der Schotter für den Bereich der Südeinbindung wurde mit dem Zug angeliefert und entladen.

THEURER

Die Station entsteht leicht nach Westen versetzt mit einem 140 m langen Inselbahnsteig und einem Außenbahnsteig neu. Sie ist von Südosten über die Karl-Jungbluth-Straße über eine neue Fußgängerbrücke erreichbar. Im Nordwesten erfolgt der Zugang derzeit noch über die Bahnhofszufahrt, soll aber später direkt von der Klemmstraße aus möglich sein.

Das unter Denkmalschutz stehende Bahnsteigdach, welches um 1906 entstand, wurde fachgerecht saniert und auf dem Inselbahnsteig wieder aufgebaut.

- Rückbau Gleisanlagen Westseite, Abbruch Fußgängertunnel Westseite
- Gleisbau Westseite und Bahnsteige, Gründung Schallschutzwände
- Rückbau Gleisanlage sowie Abbruch Fußgängerbrücke und -tunnel Ostseite
- Gleisbau Ostseite, Bahnsteige, neue Fußgängerbrücke, Schallschutzwände
- Bahnsteigausstattung

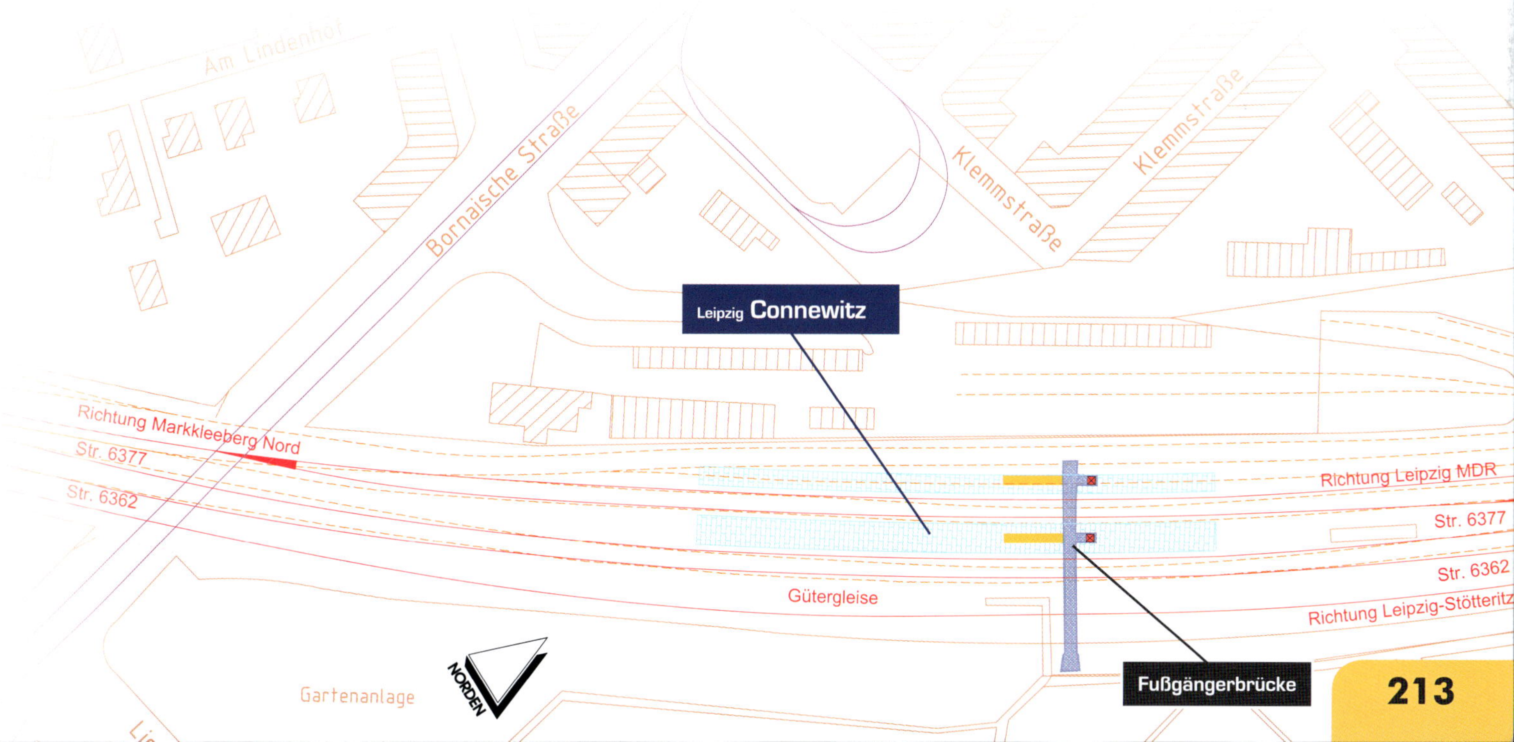

Parentin
034297
-61100

- ← Den Urzustand des Fußgängertunnels spiegeln die drei linken Bilder wider. Um zu den Bahnsteigen zu gelangen, musste man den Treppenabgang benutzen, der durch eine Glasüberdachung geschützt war.
- ↖ Der alte Fußgängertunnel wurde im Mai 2012 abgebrochen und verfüllt.
- ↙ Die historische Überdachung des Bahnsteiges von Gleis 3 und 4 wurde im Dezember 2012 fachgerecht und vorsichtig demontiert, um sie anschließend umfangreich sanieren zu können.
- ↑ Ab März 2012 konnten die gesamten westlichen Bahnanlagen einschließlich des Bahnsteiges von Gleis 1 und 2 zurückgebaut werden.
- → Im Bahnhofsumfeld montierte man elf neue Weichen sowie zwei Durchgangsgleise für den Güterverkehr.

Von März bis Juni 2013 wurde die neue Fußgängerbrücke rohbaufertig errichtet. Die drei Kelchstützen, welche den geschwungenen Brückenkörper tragen, stechen hier optisch hervor.

- Zuerst wurden die Fundamente für die Abgänge zu den Bahnsteigen errichtet.
- Die Schalung und Bewehrung war aufgrund des besonders geformten Brückenüberbaus nicht alltäglich. Die drei Kelchstützen, welche starr mit dem Überbau verbunden sind, wachsen in Verlängerung aus dem Gehwegbelag heraus.
- Im Juli 2013 wurden die Treppenaufgänge aus Fertigteilen hergestellt.
- An der fertig gestellten Brücke ist nun gut der Übergang der Kelchstützen in den Übergreifungsschutz zu sehen.

Jaeger

VORHER

NACHHER

Die Bilder zeigen die fertig gestellte Station mit dem sanierten historischen Dach auf dem Bahnsteig der Gleise 2 und 3 sowie die neue Fußgängerbrücke.

Station Markkleeberg Nord

2011 | 2012 | 2013

Die neue Station an der Strecke 6377 entstand direkt über der Brücke der Breitscheidstraße. Sie wurde barrierefrei mit einem Inselbahnsteig ausgestattet. Die Stadt Markkleeberg erhielt hier einen zusätzlichen Haltepunkt.

- Rückbau Brücken Westseite
- Neubau Brücken
- Rückbau Brücken Ostseite Einschub der fertigen östlichen Brücke
- Verfüllung Widerlager, Gleisbau Pflasterung Bahnsteig
- Schallschutzwände, Geländer, Aufzug, Bahnsteigausstattung

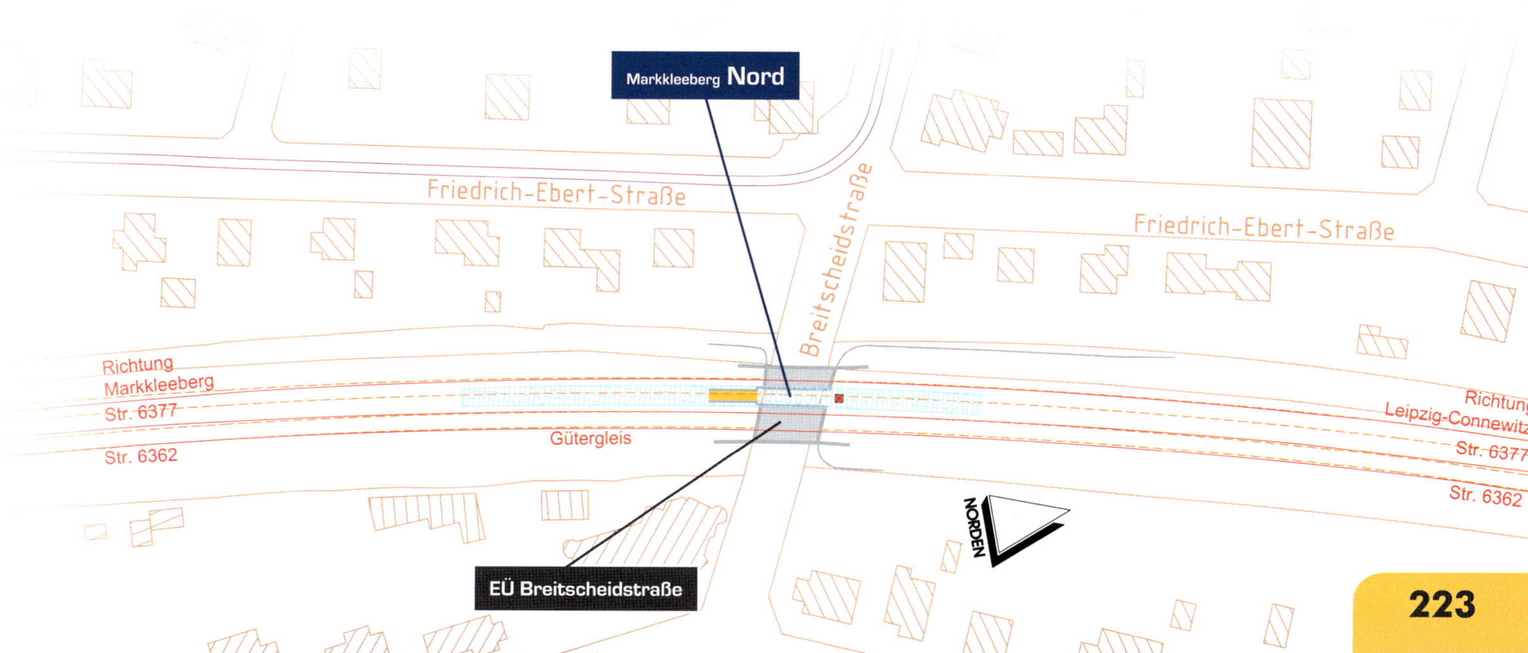

- ↖ Im Dezember 2012 wurde der östliche Brückenteil neben dem Bahndamm errichtet.
- ← Nach Fertigstellung des östlichen Brückenbauwerkes verschob man es – wie einst den Portikus – mittels Teflonplatten nach Westen in seine Endlage.
- ↑ Die Treppenanlage zum Bahnsteig verbindet die beiden Brückenbauwerke monolithisch miteinander.
- ➡ Zwei Wochen nach dem Verschub wurden beide Brücken vollständig miteinander verbunden.

🡅 Am neuen Haltepunkt mussten im September 2013 nur noch Restarbeiten ausgeführt werden. Auf dem linken Gleis – dem Gütergleis – fanden bis Mitte 2014 Arbeiten statt.

🡄 Vom neuen Bahnsteig aus kann man direkt auf die Breitscheidstraße schauen.

🡆 Am 5. Oktober 2013 hielt der erste S-Bahn-Zug am Haltepunkt Markkleeberg Nord. An diesem Tag fanden die letzten GPSinfradat-Videobefahrungen statt. Die erstellten Filme können nun für Schulungszwecke zukünftiger Lokführer genutzt werden.

S
1442 101

Station Markkleeberg

2011 | 2012 | 2013

- Rückbau Brücke Westseite
- Neubau Brücke Westseite, Verfüllung Widerlager, Gleisbau Westseite
- Rückbau Brücken Ostseite
- Neubau Brücken Ostseite, Verfüllung Widerlager, Gleisbau, Bahnsteig
- Schallschutzwände, Geländer, Aufzug, Bahnsteigausstattung

Die Station an der Strecke 6377 entstand nach Abbruch der alten Bahnsteige vollkommen neu. Sie wurde barrierefrei mit einem Inselbahnsteig ausgestattet. Wenige Meter von der Station entfernt befindet sich die neu errichtete Verkehrsstation für die Regionalbuslinien.

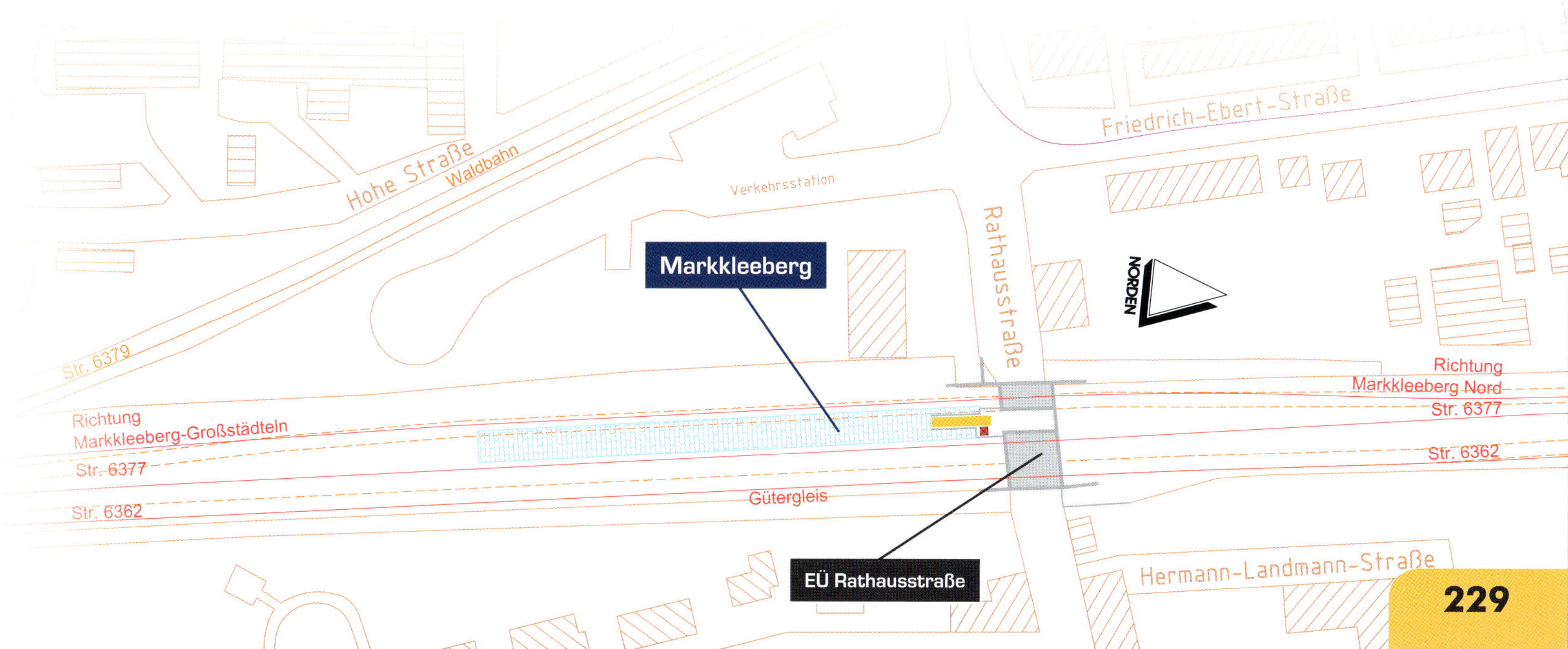

- 🡅 Die Bilder zeigen den Ursprungszustand mit Fußgängertunnel und Zugang zum Bahnsteig.
- 🡇 Im Jahr 2012 wurde die alte Überdachung komplett zurückgebaut und teilweise eingelagert.

↖ Im Januar 2013 erfolgte der Rückbau des zweiten Teils der alten Brücke.

⬆ Die Errichtung der westlichen Brückenhälfte über die Rathausstraße begann bereits im Juni 2012.

↖ Die alte Blockstelle Markkleeberg verschwand auch mit dem Umbau der Bahnanlagen. Sie war bis zum 24. November 2012 in Betrieb und wurde anschließend abgerissen.

← Im Februar 2013 wurde die untere Fertigteilebene für den Bahnsteig ausgelegt.

↑ Vier Arbeiter waren nötig, um die bis zu 200 m langen LST-Kabel der Sicherungstechnik an Ort und Stelle zu ziehen.

↗ Die transparenten Schallschutzwände ermöglichen nun vom Bahnsteig aus einen schönen Blick auf einen Teil von Markkleeberg.

→ Die Eisenbahnüberführung über die Rathausstraße mit ihren abgeschrägten und verkleideten Widerlagern war im September 2013 fertig gestellt.

→ Mit dem Fahrplanwechsel im Dezember 2013 begann nach über einem Jahr Pause wieder der reguläre Zugbetrieb am Haltepunkt Markkleeberg.

1
Richtung
S2 Markkleeberg-Gaschwitz
S4 Geithain
S5 Zwickau
Richtung
Leipzig Hbf
Bitterfeld S2
Hoyerswerda S4
Halle ü. S5
2

Großstädteln
Großstädteln
H

Station Markkleeberg-Großstädteln

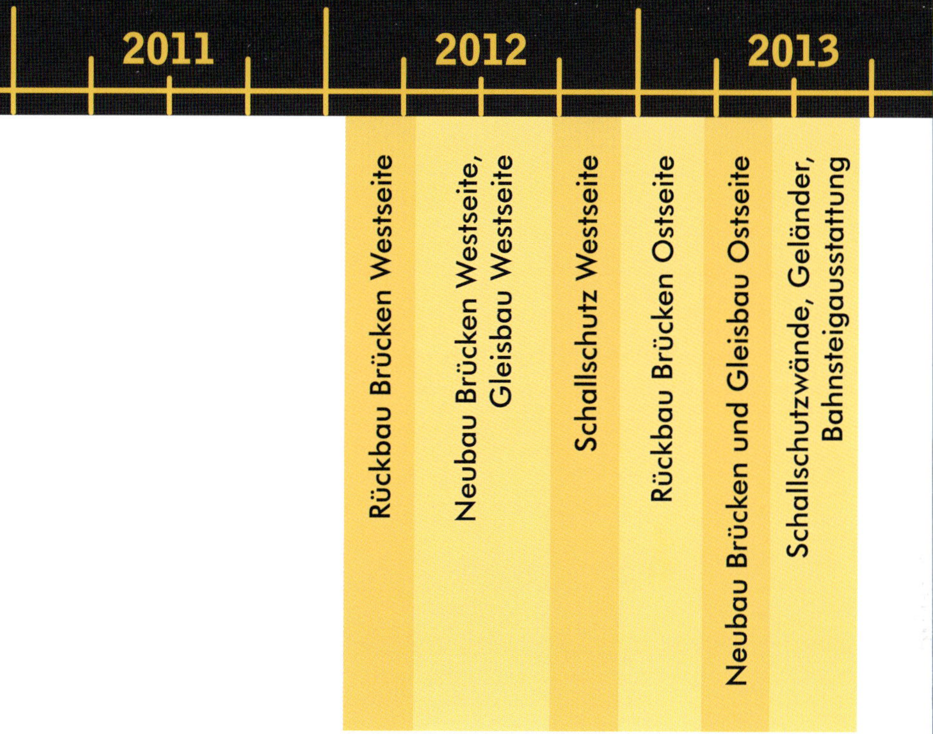

Die Station an der Strecke 6377 entstand nach dem Rückbau des alten Bahnsteiges vollkommen neu. Sie wurde mit einem Inselbahnsteig ausgestattet. Der Zugang erfolgt über eine Treppe von der Zöbigkerstraße aus. Vorbereitend ist ein Schacht erstellt worden, um den Bahnsteig später auch mit einem Aufzug ausstatten zu können.

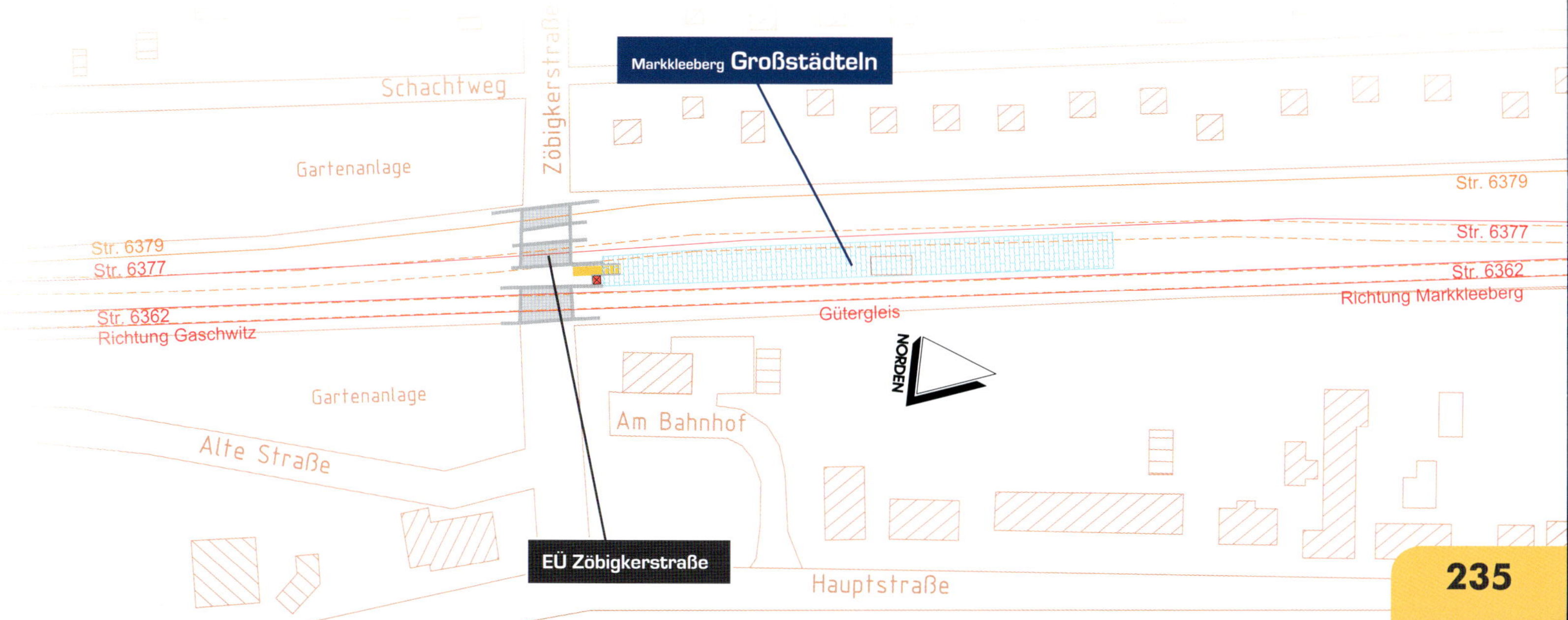

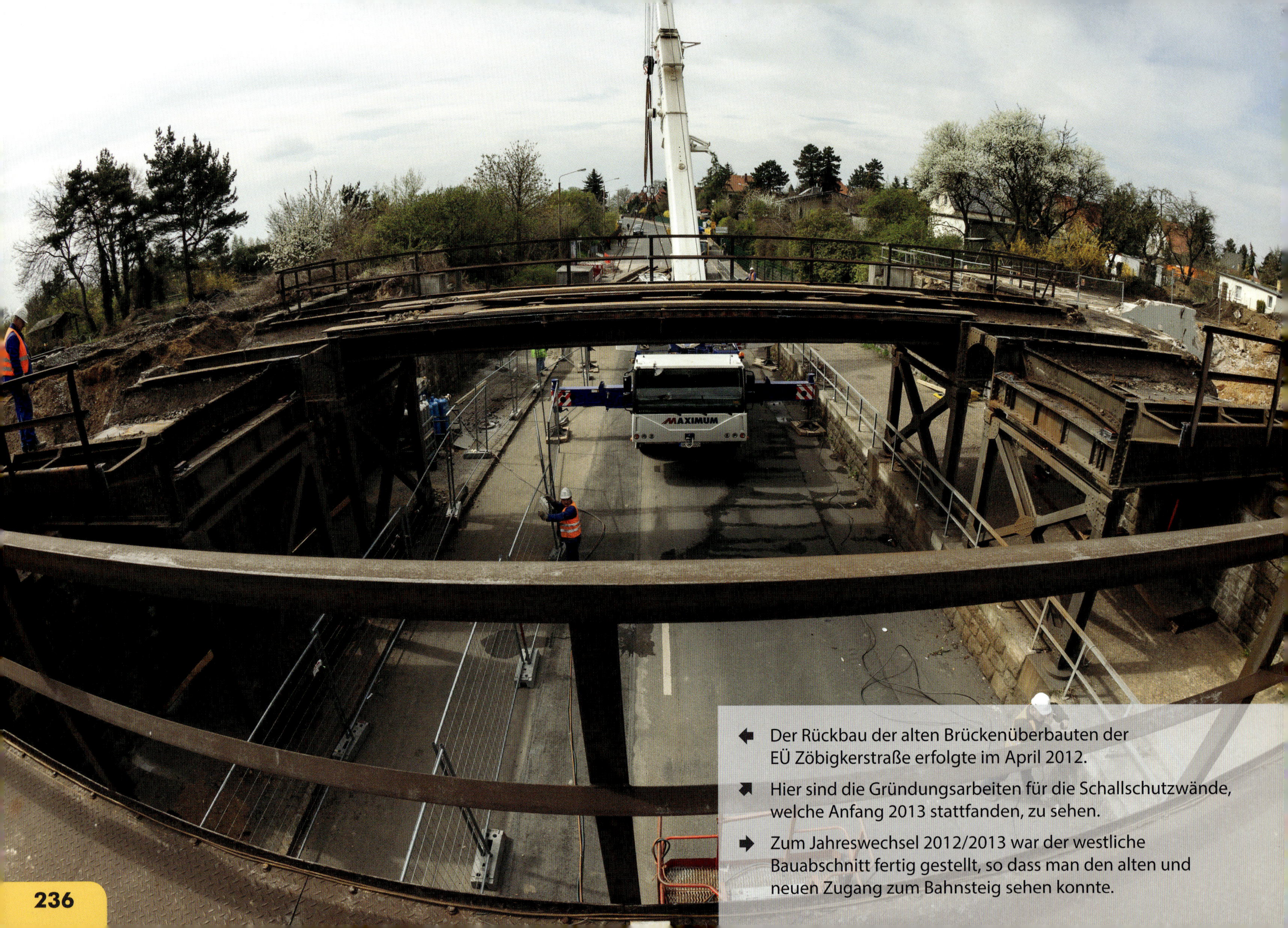

- Der Rückbau der alten Brückenüberbauten der EÜ Zöbigkerstraße erfolgte im April 2012.
- Hier sind die Gründungsarbeiten für die Schallschutzwände, welche Anfang 2013 stattfanden, zu sehen.
- Zum Jahreswechsel 2012/2013 war der westliche Bauabschnitt fertig gestellt, so dass man den alten und neuen Zugang zum Bahnsteig sehen konnte.

- ↑ In Markkleeberg realisierte man im Zuge der Bauarbeiten umfangreiche Schallschutzmaßnahmen.
- ↓ Zwei der insgesamt vier Überbauten der Eisenbahnüberführung Zöbigkerstraße waren bereits im Februar 2013 errichtet.
- → Im August 2013 erfolgte der letzte Stopfgang an den Gleisen.
- ↘ Im September 2013 war das gesamte Bauwerk nahezu fertig gestellt.

Leipzig-Thekla
1442 109
BOMBARDIER
1
2
Richtung

Start: 15. Dez. 2013
City - Tunnel Leipzig

CTL Inbetriebnahme

Die Inbetriebnahme des City-Tunnels und der Netzergänzenden Maßnahmen setzte eine Vielzahl von Schritten voraus, die wie Puzzleteile ineinander griffen. Diese zu koordinieren und dafür zu sorgen, dass am Ende das realisierte Bauprojekt übergeben werden konnte, war eine Meisterleistung aller verantwortlichen Projektbeteiligten. In diesem letzten Kapitel wird ein kleiner Einblick in die Schritte gewährt, die für diese erfolgreiche Inbetriebnahme notwendig waren. In der Endphase galt es, vereinzelte Probleme zu lösen. Trotz einiger schlafloser Nächte gelang dies den Projektingenieuren.

1:1-Tests der technischen Anlagen

Die umfangreichen technischen Anlagen im City-Tunnel können alle von der 3-S-Zentrale aus gesteuert und überwacht werden. Im Brand- oder Katastrophenfall laufen komplexe Prozesse ab, die vorher getestet werden mussten.

- Der durch die Feuerwehr durchgeführte Test der Feuerlöschanlagen fand mit einem Wasserdruck von bis zu 16 bar an allen Stationen statt.
- Maximal 60 Sekunden dürfen vergehen, bis das Wasser aus dem Feuerlöschtank das Schlauchende erreicht.
- Der Lichtstrahl der linearen Rauchmelder in der Station Markt wurde mit einer Blechplatte an einer 15 m langen Teleskopstange unterbrochen und so getestet.

Heißrauchversuche

Alle unterirdischen Stationen des City-Tunnels sind jeweils mit einer eigenen Brandmeldeanlage ausgestattet. Um die fertige Anlage nach den 1:1-Tests so realistisch wie möglich zu prüfen, wurden in jeder Station mindestens zwei Heißrauchversuche durchgeführt. Mit den Versuchen konnte die Erfüllung der folgenden Sicherheitskriterien bestätigt werden:

- Bleiben die Rettungswege für die Zeit der Entfluchtung rauchfrei (Sichtbarkeit / Erkennbarkeit der Fluchtwegsbeschilderung)?
- Funktioniert die im Brandschutzkonzept durch Modellrechnungen nachgewiesene „natürliche" Entrauchung über die Hauptausgänge (Stationen Markt und Wilhelm-Leuschner-Platz)?
- Kann die Wirksamkeit der mechanischen Entrauchungsanlage nachgewiesen werden (Stationen Bayerischer Bahnhof und Hauptbahnhof)?

Vollübung

Am 5. September 2013 fand die vorgeschriebene Vollübung am Bayerischen Bahnhof statt. Dabei wurde mit Hilfe von 50 Statisten und 120 Einsatzkräften der Ernstfall geprobt. Ein Talent-2-Zug wurde in der Südrampe abgestellt und anschließend ein Brandfall mit Verletzten simuliert.

GPSinfradat-Videomessfahrten

Da mit der Inbetriebnahme des City-Tunnels und der Zulaufstrecken eine neue Infrastruktur entstanden ist, müssen die Triebfahrzeugführer der S-Bahn-Züge auch die dafür notwendige Streckenkenntnis erstmals oder wieder neu erreichen. Um diese erlangen zu können, wurden vorab Streckenvideos mit dem Dresdner Verfahren GPSinfradat erstellt, welche die Besonderheiten und Signalisierung vermitteln. An insgesamt sechs Wochenenden wurden alle Strecken im Raum Leipzig und Halle (Saale) sowie bis Bitterfeld, Taucha, Geithain und Borsdorf befahren. Die Fahrzeuge wurden dafür vorübergehend mit spezieller Video- und Messtechnik ausgestattet. Eine Herausforderung bestand darin, auch die Streckenabschnitte zu befahren, welche noch bis kurz vor Inbetriebnahme im Bau waren.

➡ Da die ersten Messfahrten noch vor der Zuschaltung der Oberleitung erfolgten, wurde einmalig ein Itino-Dieseltriebwagen der Erfurter Bahn eingesetzt.

⬇ Ein Talent-2-Zug der DB Regio hält an der Nordrampe. An der Front wurden für die Messfahrten spezielle Scheinwerfer als Zusatzbeleuchtung im Tunnel montiert.

S-Bahn-Probebetrieb

Auf mehrere Nächte verteilt fanden im Tunnel sowie auch im restlichen neu entstandenen S-Bahn-Netz vorerst Probefahrten ohne Fahrgäste statt. Später führte man zwei weitere nächtliche Probebetriebe mit insgesamt knapp 500 Statisten durch. Sämtliche S-Bahn-Linien befuhren das gesamte Verkehrsnetz. Somit konnte der vollständige Fahrplan simuliert und alle optischen sowie akustischen Fahrgastinformationsanlagen getestet werden. Um den fahrplanmäßigen Zugverkehr nicht zu beeinträchtigen, mussten diese Fahrten nachts zwischen 0 Uhr und 4 Uhr durchgeführt werden.

Leipzig-Thekla

PLEXIGLAS
Bitte beachten Sie
es findet Probebetrieb statt!

88
88

CTL

Anhang

Seit der Veröffentlichung des ersten Bildbandes entstanden weitere 50 000 Bilder. In diesem Bildband sind erneut die besten Aufnahmen zusammengefasst und beschrieben. Dabei fiel – gerade bei größeren Ereignissen – die Auswahl schwer, die beeindruckendsten Fotos für diesen neuen Bildband herauszusuchen.

Der City-Tunnel ist seit dem 15. Dezember 2013 in Betrieb. Auch ich nutze ihn regelmäßig und blicke voller Stolz zurück auf die vielen Geschichten, die in den einzelnen Bauteilen dieses Projektes stecken. Einige werden für die Ewigkeit in diesem Bildband festgehalten. Ein weiterer großer Teil davon bleibt jedoch nur in den Erinnerungen der Projektbeteiligten erhalten.

Für die gute und vertrauensvolle Zusammenarbeit im Rahmen des Bildbandes danke ich den Projektingenieuren der DEGES und der DB Projektbau GmbH, den Mitarbeitern der ausführenden Firmen sowie dem Sax-Verlag.

Ein besonderer Dank gilt meiner Familie und den im Folgenden aufgeführten guten Freunden, die in zahlreichen Diskussionsrunden wesentlich zur Fertigstellung dieses Bandes beigetragen haben:

Claudia Eritt, Jens Karthäuser, Susanne Kramer und Bernhard Weiß

3-S-Zentrale: Zentraler Punkt, um alle technischen Anlagen (Service, Sicherheit und Sauberkeit) zu überwachen

Absorptionsplatte: Bauelement zur Schalleindämmung

Achszähler: Bauteil zum Zählen der Achsen vorbeifahrender Züge, um die Belegung eines vorgegebenen Streckenabschnitts zu prüfen

Akustikplatte: Bauelement zur Reduktion der Geräuschausbreitung

Bankett: unbefestigter Seitenstreifen

barrierefrei: Gestaltung der baulichen Umwelt, damit diese auch von Menschen mit Behinderung, älteren Menschen und Menschen mit Kleinkindern genutzt werden kann

Baufreiheit: Beräumung der zukünftigen Baufläche

Befahranlage: eine Anlage, die späteren Wartungs- und Reparaturarbeiten dient

Besenstrich: Verfahren, um Oberflächenrauheit herzustellen

Betonage / Betongang: umgangssprachlicher Begriff für Betonierung, Einbau von Frischbeton

Bewehrung: Stahleinlagen (meist ein Geflecht aus Stahlstäben) innerhalb des Betons zur Übernahme der Zugkräfte

Blindenleitstreifen / Leitstreifen / Blindenleitsystem: Tastbare Bodenleitsysteme mit Rillen- und Noppenoberflächen, die es blinden und hochgradig sehbehinderten Menschen ermöglichen, sich selbständig im öffentlichen Raum zu bewegen

Blockstelle: Bahnanlage (ggf. mit Personalbesetzung), die einen Streckenblock begrenzt und freigibt

BOS-Funk: nichtöffentlicher mobiler UKW-Landfunkdienst, der von Behörden und Organisationen mit Sicherheitsaufgaben (BOS) genutzt wird

Deckenbinder: Konstruktionselement zur Überspannung großer freier Räume

Entfluchtung: Fortführung von Menschenmengen aus einer Gefahrenzone

Elektronisches Stellwerk (ESTW): elektronische Anlage zum Stellen von Weichen und Lichtsignalen

Erstangriff: Möglichkeit der Brandbekämpfung vor Eintreffen der Feuerwehr und der Aktivierung der Trockenlöschleitung

Fahrgastinformationsanlage: elektronisches Informationssystem für Fahrgäste des öffentlichen Personennah- und -fernverkehrs (z. B. Liniennetzpläne, Fahrplanbücher und -karten, Verspätungs-, Anschluss- und Tarifinformationen)

Fangschiene: Metallprofil, das abschnittsweise innerhalb der Fahrschienen verläuft, um bei einer Entgleisung die Räder eines Zuges so zu führen, dass dieser nicht seitwärts aus dem Gleis ausschert

Feste Fahrbahn: Schienenoberbau, bei dem der Schotter und die Bahnschwellen durch einen festen Oberbau-Fahrbahnstrang aus Beton ersetzt werden, auch in Fertigteilbauweise möglich

Gebäudeautomation: Gesamtheit von Überwachungs-, Steuer-, Regel- und Optimierungseinrichtungen in Gebäuden

Gleisjoch: Element aus zwei meist ca. 6 m langen Schienen mit dazugehörigen Schwellen

Gleismagnet: befindet sich im Gleisbett und bremst den Zug ab, wenn ein Signal fälschlicherweise überfahren wird

Halblinse: Deckenelement über der Stromschiene in der Station Hauptbahnhof, in den Bereichen der Atrien als Volllinsen ausgeführt

Halfenschraube: Ankerschraube mit hammerförmigem bzw. hakenförmigem Kopf

Hochdruckwasserstrahlverfahren: Verfahren, bei dem mittels Wasser, welches unter sehr hohem Druck steht, Beton staub- und erschütterungsfrei abgetragen wird, ohne die Bewehrung zu beschädigen

Kabeltrasse: Tragkörper mit Leerrohren für Kabel oder elektrische Leitungen

Kettenfahrleitung: Bauform der Oberleitung, welche den Fahrdraht über Hänger an die Tragseile zurückspannt, dies ermöglicht größere Feldspannweiten und der Durchhang des Fahrdrahtes wird auf diese Weise verringert

Kreuzungsbauwerk / Überwerfungsbauwerk: ein Bauwerk, welches die kreuzungsfreie Führung zweier sich sonst kreuzender Verkehrswege auf unterschiedlichen Höhenebenen gewährleistet

Masse-Feder-System: elastisches Bauelement zur Schalleindämmung, welches zwischen Oberbau und Tunnelsohle eingebracht wird

Mittlerer Ring: ringförmige Straßenverbindung, welche den Verkehr der Bundesstraßen zwischen den äußeren Stadtteilen aufnehmen und verteilen soll

monolithisch: fest verbunden, aus einem Stück bestehend

Pagel: Spezialbeton, welcher extrem fließfähig ist

Planum: eben hergestellte Fläche, auf der weitere Baumaßnahmen stattfinden

Polier: weisungsberechtigter Leiter für die gewerblichen Mitarbeiter einer Baustelle oder eines Baustellenabschnitts

Querschlag: Grubenbau, der im rechten Winkel (quer) zum Haupttunnel verläuft; meist als Verbindung zum parallel verlaufenden Haupttunnel, jedoch ohne eigene Verbindung zur Oberfläche

Rampe / Rampenbauwerk: stufenlos geneigtes Bauwerk zur Überwindung von Höhendifferenzen unterschiedlicher Niveau-Ebenen

Revision: Wartungsarbeiten

Rohbau: Bauwerk, dessen statische Struktur errichtet ist, jedoch ohne weiteren Ausbau; bezeichnet ebenfalls die Bauphase vor dem weiteren Ausbau

Schallschutzmaßnahmen: Bauelemente (meist Wände) entlang der Gleistrasse, zur Schalleindämmung für die Umgebung

Schalung: Tafeln aus Holz, Stahl oder Kunststoff zur Herstellung von Gussformen für flüssige Baustoffe (beispielsweise Beton), welche dann in diesen erhärten

Schotteroberbau: Gleisbett aus Schotter bestehend

Schraubanker: einbetoniertes Sonderbauteil aus Stahl mit Gewinde

Schwinden (des Betons): Volumenverminderung des Betons, bedingt durch Feuchtigkeitsabgabe und chemische Reaktionen bzw. Gefügeumwandlungen während des Aushärtens

Sichtbeton: Beton, dessen Ansichtsflächen gestalterische Funktionen erfüllen und ein vorausbestimmtes Aussehen haben sollen

Sohlbeton: unterste Betonschicht

Steifenlage: Stahlrohre oder Betonbalken, die Erddruckkräfte auf die Wände gegeneinander abstützen

Stellwerk: Bahnanlage zum Stellen von Weichen und Signalen mit mechanischer oder elektromechanischer Bedienung

Stopfgang: Verfahren, um Höhe und Richtung durch Anheben und / oder Verschieben des Gleises sowie durch Unterfüttern der Bahnschwellen mit Schotter zu korrigieren

Streckenblock: Gleisabschnitt, in den ein Zug nur nach Genehmigung einfahren darf

Stretchfolie: durchsichtige, dehnbare Folie

Stromschiene: Sonderform der Oberleitung als Zuleitung für den elektrischen Strom für elektrisch betriebene Schienenfahrzeuge

Stützwand: Stahlbetonbauteil zur Absicherung der Baugrube bei Geländesprüngen

Sylodynlager: Lager aus einem resistenten, standfesten und belastbaren Material mit einem ausgewogenen Feder-Dämpfer-Verhalten

Theodolit: Winkelmessinstrument zur Messung von Horizontalrichtungen und Zenit- oder Vertikalwinkeln

Thermitschweißen: Verfahren, um mittels einer chemischen Reaktion Schienenenden miteinander zu verschweißen und einen nahtlosen Gleiskörper zu schaffen

Tragschicht: künstlich geschaffener, frostsicherer Untergrund

Trogbauwerk: Bauwerk mit seitlichen Stützwänden und einer geschlossenen Sohle, die in der Regel als Rampe ausgebildet ist

Tübbing: rechteckiges, im Querschnitt gewölbtes Bauteil aus Stahlbeton, Stahl oder Gusseisen für Tunnel- oder Schachtauskleidungen, das mittels Schrauben mit anderen Tübbings verbunden, einen Ring ergibt

Unterzug: Träger, der die Last einer Decke, eines Bogens oder einer Wand aufnimmt und auf andere Bauteile ableitet

Verkehrsprojekt Deutsche Einheit Nr. 8 (VDE 8): Schienenverkehrsprojekt zwischen Nürnberg, Erfurt, Halle (Saale), Leipzig und Berlin als Teilstück der Nord-Süd-Eisenbahnachse zwischen Skandinavien und Italien

Verteilerebene: Geschoss in einem Gebäude, welches allein der horizontalen Aufnahme und Verteilung von Personen oder Gütern von und nach vertikal zugänglichen Orten dient

Wendegleis: Möglichkeit für Schienenfahrzeuge, die Fahrtrichtung zu wechseln

Widerlager: massive Betonteile, jeweils an beiden Enden einer Brücke

Zweiblockschwelle: Bauteil, welches aus zwei kleinen Betonblöcken besteht, die mit einem Spurhalter aus Bewehrungsstahl miteinander verbunden sind

Abkürzungen

BA: Bauabschnitt
BBf: Bayerischer Bahnhof
Bft: Bahnhofsteil
Bkm: Baukilometer
BOS: Behörden und Organisationen mit Sicherheitsaufgaben
ESTW: Elektronisches Stellwerk
EÜ: Eisenbahnüberführung
FIA: Fahrgastinformationsanlage
HBf: Hauptbahnhof
LST: Leit- und Sicherungstechnik
MTh: Magdeburg-Thüringer (Güterbahnhof)
RBA: Raumbildender Ausbau
Str: Strecke
TGA: Technische Gebäudeausrüstung
TK: Telekommunikation
VDE: Verkehrsprojekt Deutsche Einheit
WLP: Wilhelm-Leuschner-Platz

Bild- und Grafiknachweis:

sofern nicht im Folgenden anders angegeben: Fotos und Grafiken von Frank Eritt

Seite 2: Jürgen Kramer
Seite 4, 5, 6: Susanne Kramer
Seite 10: Ausführungsplanung Feste Fahrbahn (Querschnitte, Grafik)
Seite 36 bis 40: Ausführungsplanung LOS A, B, C, D (Querschnitte)
Seite 36 bis 39: Freistaat Sachsen (Visualisierung)
Seite 41: DNR Daab Nordheim Reutler Partnerschaft (Längsschnitt)
Seite 41, 47, 65 ,83, 102, 103: Philipp Gleiche (Visualisierung Talent 2 in Längsschnitten)
Seite 45, 63, 81, 100, 101: Ausführungsplanung LOS B, C, D (Längsschnitte)
Seite 127: Frank Kniestedt, Deutsche Bahn AG
Seite 161: Peter Krämer, Jaeger Umwelt + Verkehr GmbH & Co. KG
Seite 186: Marko Casper
Seite 220: Susanne Kramer (Bild oben)
Seite 225 bis 230: Bernhard Weiß und Frank Eritt
Seite 247: Steffen Burkhardt, Deutsche Bahn AG
Seite 253: Bernhard Weiß

Quellennachweis

City-Tunnel Leipzig Los D – erweiterte Werk- und Montageplanung (2010–2013)

ARGE Bahntechnische Ausrüstung – Ausführungsplanung (2008–2012)

Stadt Leipzig – Beiträge zur Stadtentwicklung 22 • City-Tunnel-Leipzig Gesamtkonzept Dokumentation der Wettbewerbe für die S-Bahn-Stationen (1998)

DB ProjektBau GmbH – Infrastrukturprojekte 2010, Bauen bei der Deutschen Bahn (2010)

DB ProjektBau GmbH – Infrastrukturprojekte 2012, Bauen bei der Deutschen Bahn (2012)

Ministerium der öffentlichen Arbeiten – Zeitschrift für Bauwesen, Die Umgestaltung der Leipziger Bahnanlagen (1909)

Mitwirkende

Claudia Eritt
Personaldisponentin

Orthografie und Grammatik sowie textliche Begleitung (zum Allgemeinverständnis)

Susanne Kramer
Sachbearbeiterin

Orthografie und Grammatik sowie textliche Begleitung (zum Fach- und Allgemeinverständnis)

Jens Karthäuser
Bauingenieur

fachliche Begleitung

Bernhard Weiß
Mediengestalter

Fotografie und gestalterische Begleitung

Über den Autor

Nach acht Jahren aktiver Beteiligung am Projekt City-Tunnel waren die letzten drei die spannendsten. Von der Praktikumszeit im Jahr 2006 bis zur späteren Projektingenieurtätigkeit wuchsen die Aufgaben rasant.

Die Kamera war bei jedem Baustellenrundgang mein treuer Begleiter und so konnte ich die Entstehung des Bauwerkes und die Entwicklung der Bautätigkeiten weiter festhalten. Neben der Fotodokumentation waren jedoch die Abrechnung und das Claim Management meine beruflichen Hauptaufgaben beim Ausbau der Stationen. Der überwiegende Teil der Fotografietätigkeit, die Pflege der Webseite sowie die Erstellung einer Kalenderreihe und somit auch die Realisierung dieses Bildbandes erfolgten in der Freizeit.

In den Jahren nach der Veröffentlichung des ersten Bildbandes intensivierte sich das Interesse am City-Tunnel weiter. Nicht nur die Rohbauphase, sondern auch die darauffolgende Ausbauphase war eine faszinierende Herausforderung. Der Anschluss an die vorhandene Eisenbahninfrastruktur war ebenfalls überaus anspruchsvoll.

Schon Monate vor der Eröffnung des City-Tunnels war auf allen Baustellen die Anspannung spürbar. Die einzelnen Puzzleteile fügten sich zusammen. Bei den GPSinfradat-Videomessfahrten konnte ich mit als erster die neuen S-Bahn-Strecken abfahren und so das gesamte neue S-Bahn-Netz kennenlernen. Mit dem Probebetrieb wurden die Tests erfolgreich beendet und es entstanden die letzten Fotos der einstigen Baustellen.

Mit großer Begeisterung begleitete ich das Bauprojekt bis zum Ende.

Bauingenieur aus Leidenschaft

Frank Eritt